浙西南常见药用观赏植物图鉴

● 戴海英 潘温文 金敏华 主编

中国农业科学技术出版社

图书在版编目（CIP）数据

浙西南常见药用观赏植物图鉴 / 戴海英，潘温文，金敏华主编． -- 北京：中国农业科学技术出版社，2024．11． -- ISBN 978-7-5116-7192-9

Ⅰ．Q949.95-64

中国国家版本馆CIP数据核字第2024TQ8159号

责任编辑 张志花
责任校对 王 彦
责任印制 姜义伟 王思文

出 版 者	中国农业科学技术出版社
	北京市中关村南大街12号　邮编：100081
电　　话	（010）82106636（编辑室）（010）82106624（发行部）
	（010）82109709（读者服务部）
网　　址	https://castp.caas.cn
经 销 者	各地新华书店
印 刷 者	北京地大彩印有限公司
开　　本	185 mm×260 mm　1/16
印　　张	17.25
字　　数	250千字
版　　次	2024年11月第1版　2024年11月第1次印刷
定　　价	188.00元

◆ 版权所有·侵权必究 ◆

《浙西南常见药用观赏植物图鉴》
编委会

主　　编：戴海英　潘温文　金敏华

副 主 编：钟建平　李泽建　徐建明　李沛燃
　　　　　徐　必

编　　委（排名不分先后）：
　　　　　戴海英　潘温文　金敏华　钟建平
　　　　　王军峰　李泽建　徐建明　李沛燃
　　　　　徐　必　林　静　杨子静

摄　　影：潘温文　钟建平　王军峰　吴东浩
　　　　　谢建军　刘　西　袁井泉　王黎明
　　　　　李俊龙　吴伟建　姚菊俊　林正扬
　　　　　王春来　陶旭斌　施政欢　章小燕

完成单位：华东药用植物园科研管理中心
　　　　　丽水职业技术学院

前言 PREFACE

随着人们对自然环境的日益关注和对生活品质的不懈追求，兼具药用价值与观赏效果的植物资源，已成为科研与实践的重要领域。浙西南地区凭借其得天独厚的自然条件与生物多样性的典型特征，孕育了众多珍稀且独特的植物种类。丰富的植物群落不仅是维系当地生态系统平衡与稳定的基石，更是大自然赋予人类的独特宝藏，兼具药用功效与观赏特性的植物种类就是这其中的璀璨明珠。

遗憾的是，长期以来缺乏系统调查与科学评估，有些潜力巨大的药用观赏植物在浙西南这片沃土上默默无闻。为此，深入开展浙西南地区药用观赏植物的野外资源调查，对于保护生物多样性、传承乡土药用植物文化及提升民众健康福祉具有深远意义。项目组长期致力于浙西南地区（涵盖衢州、丽水全境及温州文成、泰顺等地）的野生植物资源调研，深入实地对药用观赏植物进行细致地观察与记录。经过多次严谨的讨论与分析，潜心挖掘其药用价值与观赏效果的独特魅力，精心筛选并整理出具有鲜明本土特色的药用观赏植物名录，重点对162种兼具本土特色与实用价值的药用观赏植物进行图文介绍。

书中内容依据《中国植物志》与《浙江植物志新编》进行规范描述，涵盖学名、别名、科属分类、形态特征、分布生境、药用部位及药效等多个方面，并辅以清晰精美的整体与局部特征彩色图片，使读者能够在直观感受植物之美的同时了解其特性和药用功效。在编排体系上，裸子植物遵循郑万钧系统，被子植物则按照恩格勒系统排列，科内属、种则依拉丁名字母顺序排列，极大方便了读者的查阅与学习。

《浙西南常见药用观赏植物图鉴》一书聚焦于浙西南地区的药用观赏植物，不仅为浙西南地区的生物多样性保护、药用植物文化传承、科研教育及生态旅游注入新的活力，也为后续更大范围的科学开发与可持续利用提供宝贵的经验与示范，展现了人与自然和谐共生的美好愿景。

由于编者水平有限，书中难免有不足之处，敬请读者提出宝贵建议，编者将及时采纳并修订。

编者

2024年10月

目录 CONTENTS

蕨类植物

001 长柄石杉 ... 2
002 福建观音座莲 ... 3
003 金毛狗 ... 4

裸子植物

004 南方红豆杉 ... 8
005 白豆杉 ... 9

被子植物

006 厚朴 ... 12
007 乳源木莲 ... 14
008 柳叶蜡梅 ... 16
009 山鸡椒 ... 17
010 丝穗金粟兰 ... 18
011 宽叶金粟兰 ... 20
012 草珊瑚 ... 21
013 蕺菜 ... 22
014 三白草 ... 24
015 石蝉草 ... 26
016 山蒟 ... 28
017 管花马兜铃 ... 29
018 尾花细辛 ... 30
019 福建细辛 ... 31
020 披针叶茴香 ... 32
021 南五味子 ... 34
022 华中五味子 ... 36
023 乌头 ... 38
024 秋牡丹 ... 40
025 驴蹄草 ... 41
026 单叶铁线莲 ... 42
027 柱果铁线莲 ... 44
028 短萼黄连 ... 45
029 蕨叶人字果 ... 46
030 天葵 ... 47
031 大叶唐松草 ... 48
032 华东唐松草 ... 50
033 六角莲 ... 52
034 八角莲 ... 54
035 黔岭淫羊藿 ... 56
036 箭叶淫羊藿 ... 58
037 阔叶十大功劳 ... 60
038 小果十大功劳 ... 62
039 大血藤 ... 64
040 木通 ... 66
041 猫儿屎 ... 68
042 鹰爪枫 ... 70

043	细圆藤	72	075	山豆根	119
044	金线吊乌龟	74	076	胡枝子	120
045	清风藤	76	077	红花苦参	122
046	血水草	77	078	胡颓子	123
047	蜡瓣花	78	079	毛瑞香	124
048	金缕梅	79	080	结香	125
049	柘	80	081	北江荛花	126
050	青钱柳	82	082	秀丽野海棠	127
051	虎杖	84	083	地菍	128
052	毛花猕猴桃	86	084	锦香草	129
053	金丝梅	88	085	卫矛	130
054	中国旌节花	90	086	扶芳藤	132
055	羊踯躅	91	087	冬青	133
056	乌饭树	92	088	大叶冬青	134
057	老鸦柿	94	089	算盘子	136
058	矮茎紫金牛	96	090	多花勾儿茶	138
059	朱砂根	97	091	三叶崖爬藤	140
060	紫金牛	98	092	刺葡萄	142
061	沿海紫金牛	99	093	黄花远志	143
062	虎舌红	100	094	狭叶香港远志	144
063	堇叶紫金牛	101	095	大叶金牛	146
064	过路黄	102	096	野鸦椿	148
065	巴东过路黄	103	097	茵芋	150
066	落新妇	104	098	棘茎楤木	152
067	虎耳草	106	099	树参	153
068	黄水枝	108	100	竹节参	154
069	野山楂	110	101	五岭龙胆	156
070	白鹃梅	112	102	华南龙胆	158
071	金樱子	114	103	龙胆	159
072	掌叶复盆子	115	104	华双蝴蝶	160
073	云实	116	105	白英	162
074	锦鸡儿	118	106	龙珠	164

107	兰香草	166	138 日本蛇根草	205
108	臭牡丹	167	139 白马骨	206
109	豆腐柴	168	140 忍冬	208
110	活血丹	170	141 水马桑	210
111	益母草	171	142 蓟	212
112	夏枯草	172	143 大头橐吾	214
113	韩信草	173	144 山姜	216
114	绵毛鹿茸草	174	145 老鸦瓣	217
115	天目地黄	176	146 绵枣儿	218
116	野菰	178	147 云南大百合	220
117	旋蒴苣苔	179	148 少花万寿竹	222
118	浙皖粗筒苣苔	180	149 萱草	224
119	降龙草	181	150 野百合	226
120	吊石苣苔	182	151 卷丹	228
121	牛耳朵	183	152 药百合	229
122	蚂蝗七	184	153 石蒜	230
123	台闽苣苔	186	154 华重楼	232
124	白接骨	187	155 狭叶重楼	234
125	菜头肾	188	156 多花黄精	236
126	轮叶沙参	190	157 绿花油点草	238
127	小花金钱豹	192	158 紫萼	240
128	羊乳	194	159 百部	242
129	半边莲	196	160 白及	244
130	江南山梗菜	197	161 细叶石仙桃	245
131	桔梗	198	162 台湾独蒜兰	246
132	铜锤玉带草	199		
133	细叶水团花	200		
134	虎刺	201		
135	栀子	202		
136	玉叶金花	203		
137	大叶白纸扇	204		

浙西南常见药用观赏植物名录 247

中文名索引 258

拉丁名索引 260

参考文献 263

蕨类植物

001 长柄石杉

Huperzia javanica (Sw.) Chun-yu Yang

别　　名　蛇足草、千层塔。
科　　属　石杉科石杉属。
形态特征　植株高10～30 cm。茎直立或下部平卧，单一或数回二叉分枝，顶端常具芽胞。叶螺旋状排列，略呈4行疏生，具短柄，椭圆披针形，长1～2 cm，宽3～4 mm，短尖头，向基部明显变狭并有柄，边缘有不规则的尖牙齿；中脉明显。孢子叶与营养叶同大同形。孢子囊肾形，生于叶腋，两端露出，几乎每叶都有。孢子同型，极面观为钝三角形，3裂缝，具穴状纹饰。
分布生境　产于浙西南各地。生于海拔50～1 300 m的阔叶林或针阔叶混交林下阴湿处。
观赏特性　观叶。
入药部位　全草。
药　　效　散瘀消肿、止血生肌、消炎解毒、麻醉镇痛及灭虱。

002 福建观音座莲
Angiopteris fokiensis Hieron.

科　　属　观音座莲科观音座莲属。

形态特征　植株高大，高达 1.5～2 m。根状茎块状，露出地面。叶簇生；叶柄长 50～70 cm 或更长，粗 1.5～2 cm，基部有褐色狭披针形鳞片，腹面有浅纵沟，沟两侧有大小不等的瘤状突起；叶片阔卵形，长与宽均在 80 cm 以上，二回羽状；羽片 5～7 对，互生，狭长圆形，长 50～60 cm，宽 15～20 cm；小羽片 35～40 对，对生或互生，平展。孢子囊群长圆形，长约 1 mm，着生于距叶边 0.5～1 mm 处，通常有由 8～10 个孢子囊组成。

分布生境　产于丽水（松阳、庆元、景宁）、温州（文成、平阳、泰顺）。生于海拔 250～300 m 的阔叶林下。

观赏特性　观叶。

入药部位　根状茎。

药　　效　疏风祛瘀、清热解毒、凉血止血、安神。

003 金毛狗

Cibotium barometz (L.) J. Sm.

科　　属	蚌壳蕨科金毛狗属。
形态特征	植株高达数米。根状茎卧生，粗大；顶端生出一丛大叶，基部被有一大丛垫状的金黄色绒毛，有光泽。叶片大，长达 180 cm，三回羽裂；中脉两面突出，侧脉两面隆起，斜出，单一，但在不育羽片上分为二叉；叶薄革质或厚纸质，小羽轴上下两面略有短褐毛疏生。孢子囊群在每一末回能育裂片上 1~5 对，生于下部的小脉顶端，囊群盖坚硬，棕褐色，成熟时张开如蚌壳，露出孢子囊群。孢子三角状四面形，透明。
分布生境	产于丽水（景宁）、温州（文成、泰顺）。生于溪边、林下阴湿处。
观赏特性	观叶。
入药部位	全草。
药　　效	补肝肾、强筋骨、强腰膝、祛风湿等。

裸子植物

004 南方红豆杉

Taxus mairei (Lemée et H. Lév.) S.Y. Hu

- **别　　名**　美丽红豆杉。
- **科　　属**　红豆杉科红豆杉属。
- **形态特征**　乔木，高达 20 m。树皮赤褐色或灰褐色，浅纵裂。叶通常较宽较长，多呈镰状，排成较整齐的 2 列，稍弯曲，下面中脉带上局部有成片或零星的角质乳头状突起或无，气孔带黄绿色，与中脉异色，绿色边带较宽而明显。种子呈倒卵圆形或椭圆状卵形，有钝纵脊，种脐椭圆形或近三角形，生于鲜红色肉质杯状假种皮中。花期 3—4 月，种子 11 月成熟。
- **分布生境**　常见于浙西南山区和半山区。散生于海拔 100 m 以上的常绿阔叶林或混交林中。
- **观赏特性**　观叶、观假种皮。
- **入药部位**　种子、树皮。
- **药　　效**　消积食、抗癌。

005 白豆杉

Pseudotaxus chienii (Cheng) Cheng

| 科　　属 | 红豆杉科白豆杉属。
| 形态特征 | 常绿小乔木或灌木，高可达 7 m。树皮灰褐色，片状脱落；一年生小枝黄褐色或黄绿色。叶条形，排列成两列，直或微弯，先端急尖，基部近圆形，有短柄，下面有两条白色气孔带。种子卵圆形，上部微扁，顶端有突起的小尖，生于白色肉质的杯状假种皮中。花期 3—4 月，种子 10—11 月成熟。
| 分布生境 | 产于衢州市区、丽水［缙云、遂昌、松阳、龙泉、庆元（百山祖）］等地。生于海拔 1 100～1 600 m 的阴坡、谷地的针阔混交林中，或生于悬崖峭壁上。
| 观赏特性 | 观叶、观假种皮。
| 入药部位 | 枝、叶、皮。
| 药　　效 | 可用于提取抗癌药物紫杉醇。

被子植物

006 厚朴

Magnolia officinalis Rehder et E.H. Wilson

科　　属	木兰科厚朴属。
形态特征	落叶乔木，高达20 m。树皮厚，褐色，不裂；小枝粗壮，淡黄色或灰黄色；顶芽大，窄卵状圆锥形。叶片大，常集生于枝顶呈轮生状，长圆状倒卵形，下面灰绿色，有白粉，被灰色平伏柔毛；叶柄长2.5～5 cm，粗壮，托叶痕长约为叶柄的2/3。花大，直径约15 cm，与叶同放，白色，芳香；花梗粗短，被柔毛；花被片9～12（17），厚肉质，外轮3片淡绿色，内2轮白色。聚合果长圆状卵形。花期4—5月，果期9—10月。
分布生境	浙西南山区、丘陵普遍有栽培。
观赏特性	观叶、观花、观果。
入药部位	树皮、花、种子。
药　　效	化食消痰、祛风镇痛、明目益气等。

被子植物 13

007 乳源木莲

Manglietia yuyuanensis Y.W. Law

科　　属　木兰科木莲属。

形态特征　常绿乔木，高达20 m。树皮灰色，平滑；小枝黄褐色，除芽鳞被锈黄色平伏柔毛外，余均无毛。叶革质；叶片倒披针形、狭倒卵状长圆形或狭椭圆形，先端渐尖，稀短尾状，基部楔形、宽楔形至窄楔形，边缘稍反卷；叶柄长1～2.5 cm。花芳香；花被片9，排成3轮，外轮绿色，薄革质，内2轮肉质，白色。聚合果卵球形；蓇葖离生，先端具短喙。花期4—5月，果期9—10月。

分布生境　产于浙西南各地。散生于海拔480～1 200 m的山地阔叶林中。

观赏特性　观叶、观花、观果。

入药部位　果、树皮。

药　　效　用于便秘、干咳等症。

008 柳叶蜡梅

Chimonanthus salicifolius S.Y. Hu

别　　名　黄金茶。

科　　属　蜡梅科蜡梅属。

形态特征　半常绿灌木，高达 3 m。小枝细，被硬毛。叶片薄革质，揉碎有浓郁香气，叶形变化较大，长椭圆形、长卵状披针形、卵形或条状披针形，全缘，上面粗糙，下面有白粉，被短毛；叶柄被短毛。花单生于叶腋，稀 2 朵并生，白色或微黄色，几无香气；花被片 15～20，外面的近圆形或长圆形，中间的条状披针形，里面的卵状披针形或菱形。瘦果长椭球形，深栗褐色。花期 10—12 月，果期次年 5 月。

分布生境　产于衢州、丽水（遂昌、松阳）。生于海拔 700 m 以下的沟谷、山坡疏林下或灌丛中。

观赏特性　观叶、观花。

入药部位　叶。

药　　效　主治感冒、油腻食积、胸腹胀满等。

009 山鸡椒

Litsea cubeba (Lour.) Pers.

别　　名	山苍子。
科　　属	樟科木姜子属。
形态特征	落叶小乔木，高 3～6 m。小枝绿色，无毛；枝叶与果实揉碎具浓烈香气。叶互生；叶片薄纸质，狭长，披针形或长圆状披针形，先端渐尖，基部楔形，两面无毛；叶柄微带红色。花蕾形成于秋季，于次年早春先于叶开放；伞形花序单生或簇生，发自枝上部叶腋；总苞片 4 枚；每花序具 4～6 花；花黄白色，花被裂片 6，宽卵形至椭圆形。果球形，成熟时呈紫黑色。花期 2—3 月，果期 9—10 月。
分布生境	产于浙西南各山区、丘陵。生于海拔 1 200 m 以下的向阳山坡、山区公路边坡、旷地、疏林中，以火烧迹地最为常见。
观赏特性	观叶、观花、观果。
入药部位	根、果。
药　　效	可治支气管哮喘、中暑、胃痛、跌打损伤等。

010 丝穗金粟兰
Chloranthus fortunei (A. Gray) Solms-Laubach

别　　名　水晶花。
科　　属　金粟兰科金粟兰属。
形态特征　多年生草本，高15～40 cm。根状茎粗短，密生多数细长须根；茎直立，单生或数枝丛生，不分枝。叶对生，通常2对密生于茎顶，偶疏生；叶片纸质，宽椭圆形、长椭圆形或倒卵形，边缘有圆或粗锯齿，齿尖有1腺体，近基部全缘。穗状花序1条，顶生，不分枝；苞片倒卵形，通常2或3齿裂；花白色，有香气。核果球形，淡黄绿色，有纵条纹，近无柄。花期3—4月，果期5—6月。
分布生境　产于浙西南各山区、丘陵。生于海拔1 250 m以下的阴湿山坡或溪沟旁林下草丛中。
观赏特性　观叶、观花。
入药部位　全株。
药　　效　镇痛、活血散瘀等。

被子植物 19

011 宽叶金粟兰
Chloranthus henryi Hemsl.

别　　名　大叶及己、四叶对。

科　　属　金粟兰科金粟兰属。

形态特征　多年生草本，高40～65 cm。根状茎粗壮，具多数细长的棕色须根；茎直立，单一或数个丛生，常不分枝，有6或7个明显的节。叶对生，通常2对集生于茎顶；叶片纸质，宽椭圆形、卵状椭圆形或倒卵形，边缘具锯齿，齿端有1腺体。穗状花序顶生，通常二歧或总状分枝，连花序梗长10～16 cm；花白色；雄蕊3。核果球形，具短柄。花期4—6月，果期7—8月。

分布生境　产于丽水、温州。生于海拔1 500 m以下的山坡阴湿林下或路边灌丛中。

观赏特性　观叶、观花。

入药部位　全草。

药　　效　活血散瘀、祛风利湿、杀虫止痛等。

012

草珊瑚
Sarcandra glabra (Thunb.) Nakai

别　　名　九节茶。
科　　属　金粟兰科草珊瑚属。
形态特征　常绿亚灌木，高 50～120 cm。茎与枝均有膨大的节。叶对生；叶片革质，椭圆形、卵形至卵状披针形，边缘具粗锐锯齿；叶柄基部合生成鞘状；托叶钻形。穗状花序顶生，通常有分枝而成圆锥花序状，连花序梗长 1.5～4 cm；苞片三角形；花黄绿色。核果球形，成熟时呈亮红色。花期 6 月，果期 10 月至次年 2 月。
分布生境　产于丽水、温州、衢州（开化、江山）。生于海拔 800 m 以下的沟谷、阴湿山坡的林下或灌丛中。
观赏特性　观叶、观花、观果。
入药部位　全株。
药　　效　清热解毒、祛风活血、抗菌消炎、接骨止痛等。

013 蕺菜

Houttuynia cordata Thunb.

- **别　　名**　鱼腥草、折耳根。
- **科　　属**　三白草科蕺菜属。
- **形态特征**　多年生草本，高30~60 cm。全株有浓烈的鱼腥味。地下根状茎横生，白色，节上生须根。叶互生；叶片薄纸质，有腺点，下面尤密，卵形或宽卵形，先端短渐尖，基部心形，下面常呈紫红色；托叶先端钝，下部与叶柄合生成鞘。穗状花序长约2 cm，花小，无梗；总苞片4，白色，花瓣状。蒴果，顶端3裂，花柱宿存。花期4—8月，果期6—10月。
- **分布生境**　产于浙西南各地。生于海拔1 200 m以下的背阴湿地、林缘路边、林下或溪沟边草丛中。
- **观赏特性**　观叶、观花。
- **入药部位**　全草。
- **药　　效**　清热解毒、利尿消肿等。

被子植物 23

014 三白草

Saururus chinensis (Lour.) Baill.

别　　名　三张白、白头翁。
科　　属　三白草科三白草属。
形态特征　多年生草本，高30～100 cm。茎粗壮，下部根状茎匍匐，白色，节上常生不定根。叶互生，密生腺点，宽卵形至卵状披针形，先端短尖或渐尖，基部心形或耳状，上部的叶较小，茎顶端的1～3枚于花期常全部或部分变为白色花瓣状；叶柄基部有托叶合生成鞘状。总状花序生于茎顶，与叶对生，花序轴与花梗密被短柔毛；花小，两性，生于苞腋，有花梗，无花被；苞片微小。蒴果裂为4个近球形的分果瓣。种子球形。花期5—7月，果期8—10月。
分布生境　产于浙西南各地。生于海拔600 m以下的水沟边、水塘边、溪边，或常年积水、腐殖质丰富的沼泽地中。
观赏特性　观叶、观花。
入药部位　全草。
药　　效　清热解毒、利尿消肿等。

被子植物　25

015 石蝉草

Peperomia blanda (Jacq.) Kunth

科　　属　胡椒科草胡椒属。

形态特征　一年生肉质草本，高10~45 cm。茎直立或基部匍匐，分枝，被短柔毛，下部节上常生不定根。叶对生或3枚、4枚轮生；叶片薄纸质，有腺点，椭圆形、倒卵形或倒卵状菱形，先端圆或钝，稀短尖，两面被短柔毛；叶脉5条，基出，最外1对细弱而短或有时不明显；叶柄被毛。穗状花序腋生或顶生，单生或2条、3条集生；花序梗被疏柔毛；苞片圆形，盾状，有腺点。浆果球形。花期4—7月，果期8—11月。

分布生境　产于温州（泰顺）。生于海拔600 m以下阴湿山谷、溪旁的潮湿岩石上。

观赏特性　观叶、观花。

入药部位　全草。

药　　效　散瘀消肿、止血等。

被子植物 27

016

山蒟

Piper hancei Maxim.

别　　名	海风藤。
科　　属	胡椒科胡椒属。
形态特征	攀缘藤本。茎、枝具细纵纹，节上生根。叶纸质或薄革质，卵状披针形或椭圆形；叶脉5或7条，最上1对互生；营养枝叶鞘长约为叶柄的一半，生殖枝则仅基部有叶鞘。花单性，雌雄异株，聚集成与叶对生的穗状花序；雄花序长6～10 cm；花序轴被毛；苞片近圆形，盾状；雌花序长约3 cm，于果期延长；苞片与雄花序相同。浆果球形，黄色。花期5—8月，果期10月至次年4月。
分布生境	产于除浙北外的全省山区、丘陵。生于山地溪涧边、密林或疏林中，攀缘于树上或岩石上。
观赏特性	观叶、观花、观果。
入药部位	茎、叶。
药　　效	祛风湿、通经络、解暑、止痛等。

017 管花马兜铃

Aristolochia tubiflora Dunn

别　　名　辟蛇雷。
科　　属　马兜铃科马兜铃属。
形态特征　草质藤本。根圆柱形。嫩枝、叶柄折断后渗出微红色汁液。叶片纸质，卵状心形或圆心形，长与宽近相等，基部心形，下面有时具白粉，油点明显；叶柄长 2～10 cm。花单生于叶腋或 2 朵、3 朵排成腋生总状花序，花梗近基部处有 1 枚小的叶状苞片；花被筒长直或稍弯，黄绿而稍带紫色，基部膨大成球形，喉部带紫色。蒴果圆柱形或倒卵形，成熟时开裂成提篮状。种子倒卵状盾形。花期 4—8 月，果期 10—12 月。
分布生境　产于丽水、温州、衢州（江山）。生于山坡林下灌丛中。
观赏特性　观叶、观花、观果。
入药部位　根、果实。
药　　效　清肺热、止咳、平喘等。

018 尾花细辛

Asarum caudigerum Hance

别　　名　土细辛。

科　　属　马兜铃科细辛属。

形态特征　多年生草本。全株被白色多细胞长柔毛。根状茎粗短，斜生，几无辛辣味。叶2~4；叶片厚纸质，宽卵形、三角状卵形或卵状心形，基部耳状或心形，上面深绿色，常有云斑，下面常带紫色；叶柄长3~15 cm。鳞片叶长圆形。花单生于叶腋；花被筒卵状钟形，紫褐色、绿褐色或绿色，在子房以上分离，花被裂片卵形，花时直立，先端具一长约1 cm的尖尾。蒴果近球形。花期3—4月，果期6—7月。

分布生境　产于丽水、温州、衢州市区（衢江）。生于山坡或沟谷林下阴湿处。

观赏特性　观叶、观花。

入药部位　全草。

药　　效　祛寒止咳等。

019 福建细辛
Asarum fukienense C.Y. Cheng et C.S. Yang

别　　名	肉根马蓝。
科　　属	马兜铃科细辛属。
形态特征	多年生草本。根状茎短；须根肉质，微具辛辣味。叶2~4；叶片长卵形，基部耳状心形，上面绿色，有光泽，下面绿色或淡紫色，密被黄色短伏毛；叶柄长5~15 cm，被黄色短柔毛；鳞片叶长圆形，被毛。花单生于叶腋；花梗被毛，弯垂；花被在子房以上合生，花被筒倒圆锥状钟形，花被裂片宽卵形，边缘反卷，中部以下有半圆形黄棕色的垫状斑块。蒴果卵球形。花期4—6月，果期8—10月。
分布生境	产于丽水、温州、衢州（开化、江山）。生于山坡或沟谷林下阴湿处。
观赏特性	观叶、观花。
入药部位	全草。
药　　效	祛寒止咳等。

020 披针叶茴香
Illicium lanceolatum A.C. Smith

别　　名	红毒茴、莽草。
科　　属	八角科八角属。
形态特征	常绿小乔木或灌木，高 3～10 m。树皮灰褐色至灰白色。叶片披针形或倒披针形，先端渐尖或尾尖，基部窄楔形，侧、网脉不明显。花腋生或近顶生，红色或深红色；花梗纤细；花被片 10～15。聚合果有蓇葖 10～14，先端具长 3～7 mm 的内弯尖头。花期 5—6 月，果期 8—10 月。
分布生境	产于浙西南各山区。通常生于海拔 1 100 m 以下的阴湿沟谷、山坡林下或溪流沿岸。
观赏特性	观叶、观花、观果。
入药部位	根、根皮。
药　　效	祛风除湿、散瘀止痛。

被子植物 33

021 南五味子
Kadsura japonica (L.) Dunal.

科　　属　五味子科南五味子属。

形态特征　常绿藤本,全株无毛。小枝圆柱形,疏生皮孔。叶片椭圆形或椭圆状披针形,先端渐尖或尖,基部楔形,边缘有疏齿,侧脉每边 5~7 条;叶柄长 0.6~2.5 cm。花单生于叶腋,雌雄异株;花被片 8~17,淡黄色或粉红色,有香气;雄花花梗长 1~4.5 cm,雌花花梗长 3~15 cm。聚合果球形,直径 3~5 cm,成熟时呈深红色或暗紫色。种子肾形。花期 6—9 月,果期 9—12 月。

分布生境　产于浙西南山区、丘陵。生于海拔 1 000 m 以下的山坡、溪涧林中、林缘或灌丛中。

观赏特性　观叶、观花、观果。

入药部位　根、茎、果、种子。

药　　效　根、茎有祛风活血、理气止痛等功效,果有收敛滋补、生津、止泻等功效,种子为滋补强壮剂和镇咳药。

被子植物 35

022 华中五味子

Schisandra sphenanthera Rehder et E.H. Wilson

别　　名　东亚五味子。

科　　属　五味子科五味子属。

形态特征　落叶藤本。冬芽、芽鳞具长缘毛；幼枝无翅棱，小枝红褐色，具皮孔。叶片纸质，倒卵形、宽倒卵形或倒卵状长椭圆形，边缘具浅波状疏齿；叶柄常呈紫红色，长1～5 cm。花常单生短枝叶腋，雌雄异株；花梗长2～4.5 cm；花被片5～9，外轮常淡黄绿色，内轮黄色或橘黄色。聚合浆果穗状，成熟时呈红色，果梗长3～13 cm；小果球形。种子椭圆形。花期4—5月，果期8—10月。

分布生境　产于浙西南山区、丘陵。生于海拔200 m以上的湿润沟谷、山坡林缘或灌丛中。

观赏特性　观叶、观花、观果。

入药部位　果。

药　　效　收敛固涩、益气生津、补肾宁心。

023 乌头

Aconitum carmichaelii Debeaux

科　　属	毛茛科乌头属。
形态特征	多年生草本，高60～150 cm。块根倒圆锥形。茎直立，中部以上疏被反曲的短柔毛。叶互生，下部叶在花时枯萎；叶片薄革质或纸质，五角形，3全裂，中央全裂片宽菱形，有时为倒卵状菱形，先端急尖或短渐尖，近羽状分裂。顶生总状花序长6～10（25）cm；花序轴及花梗多少被反曲的伏毛。花蓝紫色；萼片外面被短柔毛；花瓣片长约1.1 cm，唇长约6 mm，微凹，距长（1）2～2.5 mm，通常拳卷。蓇葖果；种子三棱形。花期9—10月，果期10—11月。
分布生境	产于温州、衢州（衢江、江山）、丽水（缙云）。生于海拔100～1 400 m的山坡草地或灌丛中。
观赏特性	观叶、观花。
入药部位	块根。
药　　效	主根称"乌头"，可用作镇痛剂。

024 秋牡丹

Anemone hupehensis (Lemoine) Lemoine var. *japonica* (Thunb.) Bowles et Stearn

科　　属　毛茛科银莲花属。

形态特征　植株高30～120 cm。根状茎斜向或直伸，长约10 cm，粗4～7 mm。基生叶3～5，有长柄，全为一回三出复叶，小叶片卵形或宽卵形，先端急尖或渐尖，基部圆形或心形，不分裂或3～5浅裂，边缘有锯齿，两面具疏糙毛；叶柄长3～36 cm，疏被柔毛，基部具短鞘。聚伞花序2或3次分枝，具数花，重瓣；苞片3，具长0.5～6 cm的柄；花梗被密或疏柔毛；萼片约20，紫红色，倒卵形，面有短绒毛。瘦果长约3.5 mm，具细柄，密被绵毛。花期10—11月。

分布生境　产于衢州（江山）、丽水（莲都、遂昌、龙泉）。生于海拔1 100 m以下的山坡草地、路旁、沟边。

观赏特性　观叶、观花。

入药部位　根。

药　　效　清热解毒、截疟、杀虫等。

025 驴蹄草

Caltha palustris L.

别　　名　马蹄草。

科　　属　毛茛科驴蹄草属。

形态特征　多年生草本，20～50 cm。具多数肉质须根。全体无毛。茎实心，具细纵沟。基生叶3～7；叶片近圆形、圆肾形或心形，先端圆形，基部心形或宽心形，边缘密生细牙齿；叶柄长7～24 cm。茎生叶向上渐小，圆肾形或三角状心形。单歧聚伞花序生于茎或分枝顶端，通常具2花；苞片叶状，三角状心形，边缘具牙齿；花梗长2～10 cm；萼片5，黄色，倒卵形或狭倒卵形。蓇葖果具横脉。种子狭卵球形，黑色，有光泽。花期4—5月，果期7—8月。

分布生境　产于丽水（景宁）。生于海拔800～1 500 m的山谷、溪边、林下阴湿处或山地沼泽中。

观赏特性　观叶、观花。

入药部位　全草。

药　　效　驱风散寒、解暑、消肿等。

026 单叶铁线莲
Clematis henryi Oliv.

别　　名　雪里开。

科　　属　毛茛科铁线莲属。

形态特征　常绿木质藤本。纺锤状块根。单叶；叶片卵状披针形，先端渐尖，基部浅心形，边缘具刺头状的浅齿，两面无毛或幼时被紧贴的绒毛，基出脉3或5条，网脉明显；叶柄长2～6 cm。聚伞花序腋生，常仅具1花，稀2或3花；花序梗细瘦，下部有2～4对条状苞片；花钟状；萼片4，较肥厚，花蕾时呈绿色，开放后呈淡黄绿色、白色或下部多少带紫红色，卵圆形或长方状卵圆形。瘦果狭卵形，花柱宿存。花期11月至次年2月，果期4—6月。

分布生境　产于浙西南各山区、丘陵。生于海拔250～1 200 m的溪边、山谷中、阴湿坡地上、林下及灌丛中。

观赏特性　观叶、观花、观果。

入药部位　根。

药　　效　祛痰镇咳、解痉止痛、解毒等。

027 柱果铁线莲
Clematis uncinata Champ. ex Benth.

别　　名　浙江铁线莲。

科　　属　毛茛科铁线莲属。

形态特征　常绿木质藤本。枝叶干时常呈黑褐色。除花柱有羽状毛及萼片外面边缘有短柔毛外，其余光滑无毛。茎圆柱形，有纵条纹。一回至二回羽状复叶，有5～15小叶，茎基部常为1～3小叶；小叶片宽卵形、卵形、长圆状卵形至卵状披针形，全缘；小叶柄中部具关节。圆锥状聚伞花序腋生或顶生，多花，通常长超过复叶；萼片4（稀5），平展，白色，条状披针形至倒披针形。瘦果近圆柱形。花期6—8月，果期9—11月。

分布生境　产于浙西南各山区、丘陵。生于海拔1 000 m以下的山地、沟谷、溪边灌丛中或林缘。

观赏特性　观叶、观花、观果。

入药部位　根。

药　　效　祛风除湿、舒筋活络、镇痛等。

028 短萼黄连

Coptis chinensis Franch. var. *brevisepala* W.T. Wang et Hsiao

别　　名　浙黄连。

科　　属　毛茛科黄连属。

形态特征　常绿草本。根状茎黄色，常分枝，密生多数须根，味极苦。叶片卵状三角形，3全裂，中央裂片具长0.8~1.8 cm的柄，卵状菱形，具3或5对羽状裂片；叶柄长5~12 cm。花葶1或2条，高12~25 cm；二歧或多歧聚伞花序，具3~8花；苞片披针形，3~5羽状深裂；萼片黄绿色，长椭圆状卵形，萼片较短，长约6.5 mm；花瓣条形或条状披针形，中央有蜜槽。蓇葖果具长柄。种子7或8，长椭圆形，褐色。花期2—3月，果期4—6月。

分布生境　产于丽水、温州、衢州（开化、江山）。生于海拔400~1 400 m的沟谷林下阴湿处。

观赏特性　观叶、观花、观果。

入药部位　全草。

药　　效　泻火、祛燥湿、解毒等。

029 蕨叶人字果

Dichocarpum dalzielii (J. R. Drumm. et Hutch.) W.T. Wang et Hsiao

科　　属　毛茛科人字果属。

形态特征　多年生草本。高10～35 cm。根状茎较短，密生多数黄褐色的须根。鸟足状复叶3～11，全部基生，具5～7小叶；中央小叶菱形，侧生小叶斜菱形或斜卵形；叶柄长3.5～11.5 cm。花葶3～11条；聚伞花序具3～8花；苞片小，不为叶状，3全裂；萼片白色，倒卵状椭圆形；花瓣金黄色，近圆形，不卷成漏斗状，先端微凹或有时全缘，凹缺中央常具1小短尖。蓇葖果2，叉开呈近水平，狭倒卵状披针形。种子约8，圆球形，褐色。花期4—5月，果期5—6月。

分布生境　产于丽水（龙泉、庆元、景宁）、温州（文成、泰顺）。生于海拔580～1 600 m的山坡林下、溪边阴湿处。

观赏特性　观叶、观花。

入药部位　根。

药　　效　用于红肿疮毒等症。

030 天葵

Semiaquilegia adoxoides (DC.) Makino

- **别　　名**　紫背天葵、千年老鼠屎。
- **科　　属**　毛茛科天葵属。
- **形态特征**　高 10～30 cm。块根长 1～2 cm，粗 3～6 mm，外皮棕黑色。基生叶多数，掌状三出复叶，叶片卵圆形至肾形，小叶扇状菱形或倒卵状菱形，3 深裂，下面常呈紫色；叶柄长 3～12 cm，基部扩大呈鞘状。茎生叶与基生叶相似，但较小。花小；苞片倒披针形至倒卵圆形；花梗纤细；萼片白色，常带淡紫色；花瓣匙形，先端近截形，基部突起呈囊状。蓇葖果卵状长椭圆形。种子卵状椭圆形，褐色至黑褐色。花期 2—3 月，果期 4—5 月。
- **分布生境**　产于浙西南各地。生于海拔 1 300 m 以下的山坡林缘、路旁、沟边或山谷较阴处。
- **观赏特性**　观叶、观花。
- **入药部位**　块根。
- **药　　效**　清热解毒、利尿、散结等。

031 大叶唐松草
Thalictrum faberi Ulbr.

别　　名　大叶马尾莲。

科　　属　毛茛科唐松草属。

形态特征　植株高 45～110 cm。全体无毛。根状茎短，下部密生细长的须根。茎上部分枝。基生叶花时枯萎。茎下部叶为二回至三回三出复叶，叶片长达 30 cm；小叶大，坚纸质，基部着生，顶生小叶宽卵形，有时近菱形，基部圆形、浅心形或截形，3 浅裂，边缘每侧有 5～10 个不等粗齿；叶柄长 4.5～6 cm，基部具鞘。圆锥花序长 20～40 cm，花密集，白色或紫色；萼片 4，宽椭圆形。瘦果狭卵形，具 9～11 细纵肋，宿存花柱拳卷。花期 7—9 月，果期 10—11 月。

分布生境　产于丽水、衢州（开化）、温州（文成、泰顺）。生于海拔 500～1 300 m 的山地林下、沟谷阴湿处。

观赏特性　观叶、观花。

入药部位　根。

药　　效　清热解毒、利湿等。

032 华东唐松草
Thalictrum fortunei S. Moore

科　　属　毛茛科唐松草属。

形态特征　植株高20~66 cm。茎自下部或中部分枝。基生叶具长柄；茎生叶2或3，二回至三回三出复叶；小叶草质，基部着生，顶生小叶近圆形，先端圆，基部圆形或浅心形，不明显3浅裂，缘有浅圆齿，侧生小叶基部斜心形；叶柄细，具细纵槽，长约6 cm。单歧聚伞花序分枝少，花少数；花粉白色或淡堇色；花梗丝状；萼片4，倒卵形。瘦果圆柱状长圆形，具6~8纵肋，宿存花柱顶端通常拳卷。花期3—5月，果期5—7月。

分布生境　产于丽水、温州、衢州（衢江、开化）。生于海拔300~1 500 m的沟谷或山坡林下阴湿处。

观赏特性　观叶、观花。

入药部位　全草、根。

药　　效　根用来代替黄连，具清热、解毒消肿等功效。

被子植物 51

033 六角莲

Dysosma pleiantha Woodson

别　　名　山荷叶、郑氏八角莲。

科　　属　小檗科八角莲属。

形态特征　多年生草本，高20～80 cm。根状茎粗壮，结节状；茎直立，淡绿色或粉绿色。茎生叶常2枚，对生，盾状，近圆形，5～9浅裂或呈浅波状，边缘具细密小齿。花瓣深红或紫红色，5～14朵簇生于两叶柄交叉处，下垂，花梗纤细；萼片6，粉绿色，早落；花瓣6，长圆形至倒卵状椭圆形。浆果近球形至卵圆形，成熟时呈紫黑色，具多数种子。花期3—5月，果期8—9月。

分布生境　产于浙西南山区、丘陵。生于海拔300～1 600 m的山坡沟谷林下或阴湿溪谷草丛中。

观赏特性　观叶、观花、观果。

入药部位　根状茎。

药　　效　祛瘀解毒等。

被子植物 53

034 八角莲

Dysosma versipellis (Hance) M. Cheng ex T.S. Ying.

科　　属　小檗科八角莲属。

形态特征　多年生草本，高 40～150 cm。根状茎粗壮，横走，多须根；茎直立，不分枝，淡绿或粉绿色，无毛。茎生叶 2，互生，盾状，近圆形，直径可达 35 cm，近掌状 4～9 中裂，裂片阔三角形、卵形或卵状长圆形，边缘具细齿。花深红色，5～14 朵簇生于离叶基不远处，下垂，花梗纤细，被柔毛；萼片 6，粉绿色，早落，外面有疏毛；花瓣 6，勺状倒卵形。浆果倒卵形至椭球形。具多数种子。花期 4—5 月，果期 6—8 月。

分布生境　产于衢州（开化、江山）。生于海拔 300～1 300 m 的山坡林下、灌丛中、溪边阴湿处或竹林下。

观赏特性　观叶、观花、观果。

入药部位　根状茎。

药　　效　活血化瘀、解蛇毒等。

被子植物 55

035 黔岭淫羊藿
Epimedium leptorrhizum Stearn.

科　　属	小檗科淫羊藿属。
形态特征	多年生常绿草本，高 12～30 cm。根状茎细长横走，不呈结节状。一回三出复叶，叶柄及小叶柄着生处被褐色柔毛；小叶 3，长卵形、卵形或卵圆形；顶生小叶基部裂片近等大；侧生小叶基部裂片不等大，极偏斜，边缘具睫毛状细齿。总状花序具 3～8 花；花梗疏被腺毛；花大，直径约 4 cm；萼片 2 轮，外萼片卵状长圆形，内萼片狭椭圆形，白色；距状花瓣淡紫色或紫红色。蒴果长纺锤形，宿存花柱喙状。花期 3—4 月，果期 5—6 月。
分布生境	产于丽水（莲都、遂昌、龙泉、庆元、景宁、青田）、温州（泰顺）。生于海拔 800～1 500 m 的阔叶林、毛竹林下或灌丛中。
观赏特性	观叶、观花。
入药部位	全草。
药　　效	补清强壮、祛风湿等。

036 箭叶淫羊藿

Epimedium sagittatum (Siebold et Zucc.) Maxim.

- **别　　名**　三枝九叶草。
- **科　　属**　小檗科淫羊藿属。
- **形态特征**　多年生常绿草本，高 30~60 cm。根状茎粗壮，结节状。一回三出复叶；茎生复叶 1~3，小叶 3，革质，顶小叶卵状披针形，基部心形；侧生小叶箭形，基部呈不对称的心形浅裂，边缘具细密刺齿。圆锥花序具 18~60 花；花白色；外萼片长圆状卵形，密被紫斑，内萼片大，卵状三角形或卵形，白色；距状花瓣 4，短于内萼片，棕黄色，基部囊状。蒴果顶端具长喙。种子肾状长圆形。花期 3—4 月，果期 5—6 月。
- **分布生境**　产于浙西南各山区、丘陵。生于海拔 500~1 500 m 的山坡、沟谷林下或灌丛中。
- **观赏特性**　观叶、观花。
- **入药部位**　全草。
- **药　　效**　补清强壮、祛风湿等。

被子植物　59

037 阔叶十大功劳
Mahonia bealei (Fort.) Carr.

科　　属　小檗科十大功劳属。

形态特征　常绿灌木，高 1~2 m。羽状复叶长 25~50 cm，具 7~17 小叶；小叶厚革质，卵形至长卵形，较宽短，大小不等，顶小叶较宽大，先端急尖或渐尖，基部近圆形、斜截形或浅心形，每边具 2~8 粗大刺齿；侧生小叶无柄。总状花序不分枝，6~9 个簇生；花黄色；萼片 9，3 轮；花瓣 6，2 轮，先端 2 裂，基部具 2 枚明显的腺体。浆果卵形或椭球形，成熟时呈蓝黑色，被白粉。花期 12 月至次年 3 月，果期 5—7 月。

分布生境　产于浙西南各山区。生于海拔 500~1 500 m 的山坡、沟谷林下阴湿处；全省各地普遍栽培。

观赏特性　观叶、观花、观果。

入药部位　全株。

药　　效　清热解毒、利湿泻火等。

038 小果十大功劳
Mahonia bodinieri Gagnep

科　　属　小檗科十大功劳属。

形态特征　常绿灌木，高1～4 m。羽状复叶长40～80 cm，具13～23小叶，最下1对小叶生于叶柄基部；小叶疏离，革质，卵状长圆形至宽披针形，较狭长，顶生小叶先端渐尖或骤尖并具锐刺，基部斜截形至近圆形，每边具2～8粗大刺齿。总状花序不分枝，8～20个簇生；花黄色；萼片9，3轮；花瓣6，2轮，长圆形，先端具缺裂或微凹，基部腺体3。浆果近球形，密集，成熟时呈粉蓝色。花期7—10月，果期10月至次年1月。

分布生境　产于丽水、温州、衢州市区。生于海拔800 m以下的山坡及沟谷阔叶林下、林缘或溪旁；浙江南部山区农家常有栽培。

观赏特性　观叶、观花、观果。

入药部位　全株。

药　　效　清热解毒、利湿泻火等。

039 大血藤

Sargentodoxa cuneata (Oliv.) Rehder et E.H. Wilson

科　　属　大血藤科大血藤属。

形态特征　攀缘藤本，长达15 m，直径达10 cm。当年生枝条暗红色，茎砍断时有红色汁液流出。三出复叶，苗期常为单叶；顶生小叶近菱状倒卵圆形，全缘；侧生小叶较大，斜卵形，无柄；叶柄长3~12 cm。总状花序，雌雄同序或异序，同序时，雄花生于下部；花梗细，长2~5 cm；萼片花瓣状，白色或淡绿色。聚合浆果，成熟时呈蓝黑色，小果柄红色。种子基部截形，种皮黑亮、平滑。花期4—5月，果期7—9月。

分布生境　产于浙西南各山区、丘陵。生于海拔1 500 m以下的山坡、沟谷灌丛、疏林中或林缘。

观赏特性　观叶、观花、观果。

入药部位　根、茎。

药　　效　通经活络、散瘀止痛、理气行血、杀虫等。

040 木通
Akebia quinata (Houtt.) Decne.

别　　名　八月炸。
科　　属　木通科木通属。
形态特征　落叶或半常绿木质藤本。掌状复叶，具小叶 5 枚，小叶倒卵形或椭圆形，先端微凹，凹缺处有由中脉延伸的小尖头，全缘。总状花序长 4.5～10 cm；花梗长 3～5 mm；花暗紫色或紫红色，偶有黄绿色、淡紫色或乳白色，雄花远较雌花小。肉质蓇葖果单生或 2 或 3 个聚生，长椭球形或圆柱形，成熟时呈黄褐色、暗紫色或淡紫色，沿腹缝开裂，露出白色果肉和黑色种子。花期 3—4 月，果期 9—10 月。
分布生境　产于浙西南各地。生于海拔 50～1 400 m 的山坡路旁、溪边疏林中。
观赏特性　观叶、观花、观果。
入药部位　果实、根、藤。
药　　效　果实有疏肝补肾、理气止痛等功效，根、藤有清热利尿、通经活络等功效。

041 猫儿屎

Decaisnea insignis (Griff.) Hook. f. et Thoms.

别　　名　野香蕉。
科　　属　木通科猫儿屎属。
形态特征　直立灌木，高2~4 m。茎稍被白粉。羽状复叶长50~80 cm；叶轴生小叶处有关节；小叶13~25枚，对生，长椭圆形或卵状椭圆形，先端渐尖，基部宽楔形至近圆形，全缘。花杂性异株；成腋生的总状花序或顶生圆锥花序，弧曲；花黄绿色，下垂；萼片披针形，长渐尖；无花瓣。果圆柱形，直或弯曲，灰褐色至乳白色，密被疣状突起或龟甲状细纹，沿腹缝开裂。种子倒卵形，扁平，黑色。花期4—6月，果期9—10月。
分布生境　产于丽水（遂昌）。生于海拔500~1 400 m的山坡、沟边阴湿林中。
观赏特性　观叶、观花、观果。
入药部位　根、果。
药　　效　清热解毒。

被子植物 69

042 鹰爪枫

Holboellia coriacea Diels

别　　名　大叶青藤、牛卵泡。

科　　属　木通科鹰爪枫属。

形态特征　缠绕藤本，长3～5 m。掌状复叶，叶柄长5～9 cm；小叶3，革质，光滑，椭圆形或椭圆状倒卵形，先端渐尖，基部圆形或宽楔形，全缘，上面深绿色，有光泽，下面浅黄绿色；中央小叶柄长2～3.5 cm，侧生小叶柄长约1 cm，具关节。花绿白色或紫色，雄花绿白色则雌花紫色，雄花紫色则雌花绿白色。浆果长椭球形，成熟时呈紫色，光滑，果肉白色多汁。种子黑褐色。花期4—5月，果期9—10月。

分布生境　产于浙西南各山区、丘陵。生于海拔350～1 100 m的阴湿山坡林缘及溪谷两旁灌丛中。

观赏特性　观叶、观花、观果。

入药部位　根、茎皮。

药　　效　民间用于治关节炎及风湿痹痛。

被子植物 71

043 细圆藤

Pericampylus glaucus (Lam.) Merr.

科　　属	防己科细圆藤属。
形态特征	落叶木质缠绕藤本，长可达 10 m。小枝被黄褐色柔毛，老枝无毛。叶片基部着生，有时稍盾状着生，卵状三角形，先端钝或急尖，基部截形、心形或近圆形，掌状脉 3 或 5；叶柄长 3～7 cm，被毛。聚伞圆锥花序腋生；雄花序 2 或 3 个簇生，被疏柔毛，萼片 2 轮；雌花的萼片、花瓣与雄花相似。核果扁球形，成熟时呈鲜红色。花期 4—5 月，果期 7—10 月。
分布生境	产于丽水、温州、衢州（衢江、常山）。生于海拔 650 m 以下的山坡、沟谷林缘或灌丛中。
观赏特性	观叶、观果。
入药部位	根。
药　　效	民间用于治疗小儿惊风等症。

被子植物 73

044 金线吊乌龟
Stephanie cephalantha Hayata

- **别　　名**　头花千金藤、金线吊鳖。
- **科　　属**　防己科千金藤属。
- **形态特征**　草质缠绕藤本。块根椭球形或近球形,粗壮。小枝圆柱形,紫红色。叶片明显盾状着生,三角状扁圆形、近圆形至扁椭圆形,先端圆钝,基部近截形或向内微凹,全缘或微波状,上面深绿色,下面粉白色,掌状脉5~9;叶柄长5~11 cm。头状聚伞花序再组成总状,具18~20花,腋生;花小,淡绿色;雄花萼片4~6,花瓣3~5;雌花萼片3~5,花瓣3~5。核果近球形,成熟时呈紫红色。花期6—7月,果期9—11月。
- **分布生境**　产于浙西南各山区、丘陵。生于海拔700 m以下的山坡、沟谷林缘或路旁、溪边灌丛中。
- **观赏特性**　观块茎、观叶。
- **入药部位**　根。
- **药　　效**　清热解毒、消肿止痛等。

被子植物 75

045 清风藤

Sabia japonica Maxim.

科　属　清风藤科清风藤属。

形态特征　落叶藤本。小枝嫩时被细柔毛，具由叶脱落后叶柄基部残留的先端呈2叉的尖刺，在老茎上常变成鼓钉状刺。叶卵状椭圆形、卵形或阔卵形，先端尖或钝尖，基部圆钝或阔楔形；叶柄被柔毛。花先于叶开放，单生于叶腋或组成聚伞花序；萼片5，具缘毛；花瓣5，淡黄绿色。核果状，分果瓣1或2，近圆形或肾形，成熟时呈碧蓝色。花期2—3月，果期4—7月。

分布生境　产于浙西南各山区、丘陵。生于海拔600 m以下的山坡、沟谷林缘或灌丛中。

观赏特性　观叶、观花、观果。

入药部位　全株。

药　效　具祛风通络、消肿止痛等功效，可治风湿疼痛、肌肉麻痹、皮肤瘙痒、疮毒、阑尾炎脓肿等症。

046 血水草

Eomecon chionantha Hance

别　　名	金手圈。
科　　属	罂粟科血水草属。
形态特征	多年生草本，高 25～65 cm。全体无毛，具橘红色汁液。根状茎橘黄色。叶 2～4 枚基生；叶片心形，先端渐尖或急尖，基部深凹，边缘宽波状，掌状脉 5～7 条；叶柄长 10～35 cm，基部略扩大成狭鞘。花葶高 20～40 cm，具 3～5 花，组成聚伞花序；苞片和小苞片卵状披针形；花梗直立；花瓣 4，白色，倒卵形。蒴果狭卵状锥形或梭形，花柱宿存。花期 3—4 月，果期 5—6 月。
分布生境	产于浙西南各地。生于海拔 1 000 m 以下的山谷林下、溪边、路边阴湿处，常成片生长。
观赏特性	观叶、观花。
入药部位	全草。
药　　效	清热解毒、活血止血等。

047 蜡瓣花

Corylopsis sinensis Hemsl.

科　　属　金缕梅科蜡瓣花属。

形态特征　落叶灌木，高可达 3 m。幼枝被灰褐色柔毛；芽鳞外面被毛。叶片倒卵形至长圆状倒卵形，先端短渐尖，基部斜心形，边缘有细锯齿，齿尖短芒状，下面有灰褐色星状毛；叶柄被星状毛。总状花序长 3～4 cm，下垂，花序轴及花序梗具长柔毛；总苞状鳞片卵圆形；萼筒被星状毛；花瓣匙形，黄色。果序长 4～6 cm；蒴果近球形，被褐色星状毛。花期 3—4 月，果期 9—11 月。

分布生境　产于浙西南各地。生于海拔 500～1 600 m 的山坡林缘或灌丛中。

观赏特性　观叶、观花、观果。

入药部位　根皮、叶。

药　　效　治恶寒发热、呕逆、心悸烦躁。

048 金缕梅
Hamamelis mollis Oliv.

别　　名	木里仙。
科　　属	金缕梅科金缕梅属。
形态特征	落叶小乔木或灌木，高3～6 m。树皮灰白色，不规则浅纵裂。叶片宽倒卵形，先端短急尖，基部斜心形，边缘具波状钝齿，上面稍粗糙，疏生星状毛，下面密被灰白色星状毛。花先于叶开放，有香气；数朵聚生成腋生的近头状或短穗状花序；萼裂片4，紫褐色；花瓣4，条形，金黄色，基部稍带红色。蒴果卵球形，密被黄褐色星状毛。花期2—3月，果期9—11月。
分布生境	产于衢州（开化）、丽水（莲都、松阳、龙泉、云和）。生于海拔1 200 m以下的沟谷、山坡、山脊灌丛中、疏林下或林缘。
观赏特性	观叶、观花、观果。
入药部位	根。
药　　效	民间用于治疗劳伤乏力。

049 柘

Maclura tricuspidata Carrière

科　　属	桑科柘属。
形态特征	落叶小乔木，高达10 m，有时呈灌木状。树皮不规则薄片状剥落；枝刺通直。叶片卵形至卵圆形，先端尖或钝，基部圆或楔形，全缘或有时3裂；叶柄长0.5~3 cm。头状花序成对或单生于叶腋，花序梗短于5 mm；雄花萼片4，雄蕊4；雌花萼片4。聚花果球形，成熟时呈红色。花期5—6月，果期9—11月。
分布生境	产于浙西南各地。生于海拔700 m以下的山坡、山谷、林中、林缘、溪谷石缝、路边灌丛中，或田野、村庄附近。
观赏特性	观叶、观果。
入药部位	树皮、根皮、枝、叶、果。
药　　效	清热凉血、舒筋活络。

050 青钱柳

Cyclocarya paliurus (Batalin) Iljinsk.

别　　名　摇钱树。

科　　属　胡桃科青钱柳属。

形态特征　落叶乔木。老树皮纵裂；冬芽被褐色腺鳞；小枝密被脱落性褐色毛。奇数羽状复叶具（5）7~9（13）小叶；小叶片椭圆形或长椭圆状披针形，基部偏斜，边缘具细锯齿，两面被淡褐色、灰色至黄色腺鳞，叶脉被柔毛，下面脉腋具簇毛。雄花序轴被短柔毛及腺鳞；雌花序长21~26 cm，具7~10花，花序轴密被脱落性短柔毛。果翅圆盘状，被腺鳞，柱头及花被片宿存。果实坚果状，扁球形。花期5—6月，果期9月。

分布生境　产于衢州（市区、开化、江山）、丽水（莲都、遂昌、松阳、龙泉、庆元、云和）、温州（文成、泰顺）等地。生于海拔400~1 300 m的湿润沟谷、坡地林中或林缘。

观赏特性　观叶、观果。

入药部位　叶。

药　　效　嫩叶味甜，可代茶，有降血糖、抗氧化等保健功效。

被子植物 83

051 虎杖
Reynoutria japonica Houtt.

科　　属　蓼科虎杖属。

形态特征　多年生草本。根状茎粗壮，横走。茎直立，高 1~2 m，粗壮，具明显纵棱，散生红色或紫红色斑点。叶片薄革质，宽卵形或卵状椭圆形，边缘全缘，疏生小突起；托叶鞘膜质，偏斜，褐色，具纵脉。花单性，雌雄异株；花序圆锥状，长 3~8 cm，腋生；苞片漏斗状，每苞内具 2~4 花；花梗中下部具关节；花被 5 深裂，淡绿色。小坚果卵球形，具 3 棱，黑褐色，有光泽，包于宿存花被内。花期 8—9 月，果期 9—10 月。

分布生境　产于浙西南各地。生于山谷溪边、河岸及路边草丛中。

观赏特性　观叶、观茎。

入药部位　根状茎。

药　　效　活血、散瘀、通经、镇咳等。

被子植物 85

052 毛花猕猴桃
Actinidia eriantha Benth.

别　　名　毛羊桃、毛冬瓜。

科　　属　猕猴桃科猕猴桃属。

形态特征　落叶藤本。小枝粗壮，连同叶柄、花序和萼片均密被灰白色或灰黄色星状绒毛。叶片厚纸质，卵圆形至宽卵形，先端短尖至短渐尖，基部截形或圆楔形，稀近心形，边缘具硬尖小齿，上面散生脱落性糙伏毛，下面密被较长的灰白色星状绒毛；叶柄长 1.5～3 cm。聚伞花序一回分歧，具 3～7 花；萼片 2 或 3；花瓣 5，桃红色、淡紫红色或紫红色，倒卵形。果圆柱形或卵状圆柱形，密被灰白色长绒毛，宿萼反折。种子长约 2 mm。花期 5—6 月上旬，果期 10—11 月。

分布生境　产于浙西南各地。生于海拔 350～1 000 m 的山地林缘、路旁灌丛中。

观赏特性　观叶、观花、观果。

入药部位　根。

药　　效　清热解毒、舒筋活血、补肾益气等。

被子植物 87

053 金丝梅

Hypericum patulum Thunb.

别　　名　金香、端午花。
科　　属　藤黄科金丝桃属。
形态特征　半常绿灌木。全株光滑无毛，无黑色腺点。茎高 0.5～1 m，多分枝；小枝具 2 纵线棱，暗红褐色。叶片卵状椭圆形或卵状长圆形，全面散布不明显的半透明腺点及短腺条；叶柄极短。花单生或数朵组成顶生聚伞花序；花金黄色；萼片宽卵圆形；花瓣宽倒卵形至长圆状倒卵形，厚纸质；雄蕊多数，5 束，长约为花瓣的 1/2。蒴果卵球形，具宿萼，成熟时开裂。种子圆柱形，黑褐色。花期 5—7 月，果期 8—10 月。
分布生境　产于丽水、温州。生于海拔 200～1 000 m 的沟谷溪边、山坡林缘路旁。
观赏特性　观叶、观花、观果。
入药部位　根、全草。
药　　效　舒筋活血、催乳、利尿等。

054 中国旌节花
Stachyurus chinensis Franch.

别　　名　画眉杠。
科　　属　旌节花科旌节花属。
形态特征　落叶灌木。树皮紫褐色或深褐色，平滑。单叶，互生；叶片卵形、椭圆形、卵状长圆形至卵状披针形，先端骤尖至尾尖，基部近圆形，边缘具细锯齿；叶柄暗紫色。总状花序腋生，长3~10 cm，花梗极短；萼片4；花瓣4，黄绿色，倒卵形。浆果球形，具短尖头。花期3—4月，果期8—9月。
分布生境　产于浙西南各地。多生于海拔300~1 250 m的山坡、谷地、溪边林下、林缘或灌丛中。
观赏特性　观叶、观花、观果。
入药部位　干燥茎。
药　　效　干燥茎髓称"小通草"，有利尿、催乳、清湿热等功效。

055 羊踯躅

Rhododendron molle (Blume) G. Don

别　　名	闹羊花。
科　　属	杜鹃花科杜鹃属。
形态特征	落叶灌木，高1～2 m。幼枝有短柔毛和柔毛状刚毛。叶片纸质，长圆形或长圆状倒披针形，边缘密被刺状睫毛，上面绿色，下面苍白色，均被短柔毛；叶柄被毛与小枝同。伞形总状花序，具5～15（20）花，顶生，花叶同放；花梗被短柔毛；花萼5裂，被短柔毛和睫毛；花冠黄色，漏斗形，外面被柔毛，内面上方有橘红色斑点。蒴果圆柱形，被疏毛。花期4—5月，果期8—9月。
分布生境	产于丽水（莲都、缙云、遂昌、龙泉、庆元、景宁）、温州（泰顺）等地。生于海拔800 m以下的山坡灌丛中或林下。
观赏特性	观叶、观花。
入药部位	根、花、果。
药　　效	具祛风除湿、散瘀止痛、化痰止咳等功效，但全株有毒，应慎用。

056 乌饭树
Vaccinium bracteatum Thunb.

科　　属	杜鹃花科越橘属。
形态特征	常绿灌木，高1～4 m。幼枝略被细柔毛，后变无毛。叶片革质，椭圆形、长椭圆形或卵状椭圆形，先端急尖，基部宽楔形，边缘具细锯齿，下面脉上有刺突。总状花序腋生，有短柔毛；苞片披针形，常宿存，边缘具刺状齿；花梗下垂，被短柔毛；花萼钟状，5浅裂，裂片三角形，被黄色柔毛；花冠白色，卵状圆筒形，5浅裂，被细柔毛。浆果球形，被细柔毛或白粉。花期6—7月，果期8—10月。
分布生境	产于浙西南各地。生于低海拔丘陵地带至海拔1 700 m山地的山坡林下或灌丛中。
观赏特性	观叶、观花、观果。
入药部位	叶、果。
药　　效	补肝肾、强筋骨、益脾胃等。

057 老鸦柿
Diospyros rhombifolia Hemsl.

科　　属　柿科柿属。

形态特征　落叶灌木或小乔木状。具枝刺，小枝被柔毛，有圆形皮孔。冬芽小，密被绒毛。叶片纸质，卵状菱形或倒卵形，先端急尖或钝，基部楔形，下面疏被柔毛，脉上较多。雌雄异株；花单生于叶腋；雄花花萼 4 深裂，裂片线状披针形，花冠坛状，白色；雌花花萼 4 深裂，较雄花大，裂片长圆形，花冠白色，坛状。果球形至卵圆形，成熟时橘红色。花期 4—5 月，果期 9—10 月。

分布生境　产于浙西南各地。生于山坡林下、灌木丛中或岩缝间、溪边或林缘路旁。

观赏特性　观叶、观花、观果。

入药部位　根、枝。

药　　效　清湿热、利肝胆、活血化瘀等。

058 矮茎紫金牛
Ardisia brevicaulis Diels.

- **别　　名**　九管血。
- **科　　属**　紫金牛科紫金牛属。
- **形态特征**　常绿亚灌木，株高 10～40 cm。具匍匐根状茎，茎不分枝。叶互生；叶片坚纸质，长圆状椭圆形或椭圆状卵形。伞形花序着生于侧生花枝顶端，具 5～12 花；花枝近顶端具 1 或 2 叶；花梗被柔毛；花萼 5 裂，裂片卵状或披针形，具黑色腺点；花冠白色略带粉红色，裂片卵形，具黑色腺点。核果球形，成熟时红色。花期 6—7 月。
- **分布生境**　产于丽水、衢州（衢江、开化、常山）、温州（文成、泰顺）等地。生于海拔 300～800 m 的常绿阔叶林或毛竹林底层的阴湿处。
- **观赏特性**　观叶、观花、观果。
- **入药部位**　全草。
- **药　　效**　祛风清热、散瘀消肿等。

059 朱砂根

Ardisia crenata Sims

科　　属	紫金牛科紫金牛属。
形态特征	常绿灌木，高达1.5 m。茎直立，具数分枝。叶常聚集于枝顶；叶片纸质至革质，椭圆形、椭圆状披针形至倒披针形，边缘具钝圆波状齿，齿缝间有黑色腺点。伞状或聚伞花序，生于侧枝顶端或叶腋，近顶端常有2或3叶，每花序具5~10花，花白色或淡红色；萼片5裂；花冠5裂，裂片卵形。核果球形，成熟时红色。花期6—7月，果期10—11月。
分布生境	产于浙西南各地。生于海拔60~900 m的常绿阔叶林或常绿落叶混交林下的阴湿处。
观赏特性	观叶、观花、观果。
入药部位	根状茎。
药　　效	清热解毒、祛风止痛等。

060 紫金牛
Ardisia japonica (Thunb.) Blume

科　　属　紫金牛科紫金牛属。

形态特征　常绿灌木，高达 1 m。茎通常单一，或近茎梢处有细分枝。叶互生；叶片坚纸质，狭长圆状披针形或椭圆状披针形，边缘近全缘，或具微波状锯齿，近边缘有黑褐色腺点。花序近伞形，顶生于侧生花枝上；花序梗长约 6 cm，通常无叶；花梗纤细长，微弯；花萼裂片 5，披针形至长圆状卵形；花冠白色或略带红色，5 深裂，裂片卵形。核果球形，成熟时红色。花期 5—6 月，果期 10—11 月。

分布生境　产于浙西南各地。生于海拔 300～1 000 m 的山坡上、沟谷常绿阔叶林或常绿落叶混交林下。

观赏特性　观叶、观花、观果。

入药部位　全株。

药　　效　具化痰止咳、清热利湿、活血化瘀等功效，为浙江省民间常用中草药。

061 沿海紫金牛
Ardisia lindleyana D. Dietr.

别　　名	山血丹。
科　　属	紫金牛科紫金牛属。
形态特征	常绿直立灌木，高 0.6～1 m。不分枝，茎幼时被微柔毛。叶互生；叶片坚纸质或革质，长圆状狭椭圆形或椭圆状披针形，全缘或近波状，齿间边缘具腺点，边缘脉远离叶缘。近伞形花序，顶生；花枝长 3～9 cm，顶端下弯，具少数退化叶或叶状苞片；花梗绿白色；花萼裂片 5，卵形；花冠裂片 5，卵形，具腺点，花冠内部白色。浆果球形，成熟时深红色，有腺点。花期 6—7 月，果期 11—12 月。
分布生境	产于丽水、温州。生于海拔 100～600 m 丘陵的常绿阔叶林下阴湿灌丛中或溪旁潮湿处。
观赏特性	观叶、观花、观果。
入药部位	根状茎。
药　　效	清热解毒、祛风止痛等。

062 虎舌红
Ardisia mamillata Hance

科　　属　紫金牛科紫金牛属。

形态特征　常绿亚灌木，高 10～35 cm。具匍匐木质根状茎。叶互生或簇生于茎顶端；叶片坚纸质，倒卵形或长圆状椭圆形，顶端尖或钝，边缘具不明显的疏圆齿及藏于毛中的腺点，两面暗红色，密生红褐色卷曲分节毛，毛基部隆起如小瘤。伞形花序具 5～9 花，着生于侧生花枝上；花瓣粉红色或近白色。浆果球形，鲜红色，散生褐色腺点和卷曲毛。花期 6—7 月，果期 11—12 月。

分布生境　产于温州（文成、泰顺）等地。生于海拔 150～600 m 的山谷阔叶林下阴湿处。

观赏特性　观叶、观花、观果。

入药部位　全株。

药　　效　清热利湿、活血化瘀等。

063 堇叶紫金牛

Ardisia violacea (Suzuki) W.Z. Fang et K.Yao

科　　属	紫金牛科紫金牛属。

形态特征　亚灌木,高 2.5~5(10) cm。叶有时略呈莲座状;叶片卵状狭椭圆形或狭长圆形,先端渐尖,边缘具不规则浅波状圆锯齿,齿缝间具不明显边缘腺点,上面微红色,下面淡紫色,脉上被细微柔毛。伞形花序单生于叶腋或茎上部,具 2 或 3 花;花冠白色。果球形,红色。花期 6—7 月,果期 10—12 月,果可延续至次年 3 月中旬不落。

分布生境　产于丽水(缙云)。生于海拔 100~300 m 的丘陵、谷地常绿阔叶林和毛竹林下的灌草丛中。

观赏特性　观叶、观花、观果。

入药部位　全株。

药　　效　清热利湿、活血化瘀等。

064 过路黄
Lysimachia christinae Hance

科　　属　报春花科珍珠菜属。

形态特征　多年生草本。茎柔弱，平卧延伸，长20～60 cm。叶对生；叶片卵圆形、近圆形至肾圆形，先端急尖或圆钝，基部截形至浅心形，两面无毛或有短伏毛，透光可见密布的透明腺条。花单生于叶腋；花萼5深裂，裂片倒披针形；花冠黄色，辐状钟形。蒴果球形，直径4～5 mm。种子多数。花期5—7月，果期7—9月。

分布生境　产于浙西南各地。生于海拔1 000 m以下的山坡混交林下或竹林中。

观赏特性　观叶、观花。

入药部位　全草。

药　　效　清热利湿、通淋消肿等。

065 巴东过路黄
Lysimachia patungensis Hand.-Mazz.

科　　属　报春花科珍珠菜属。

形态特征　多年生草本，全株密被棕黄色或灰白色多节腺毛。茎匍匐，细长延伸，节上生不定根。单叶对生，茎端的2对（其中1对常缩成苞片状）密集成轮生状；叶片宽卵形或近圆形，先端圆钝，两面密布具节糙伏毛。花2~4朵集生于茎或枝端；花萼5深裂，裂片披针形；花冠黄色，基部带橘红色。蒴果球形。种子多数。花期5—6月，果期7—10月。

分布生境　产于丽水（遂昌、龙泉、庆元）等地。生于垂直分布上限可达海拔1 000 m的疏林下。

观赏特性　观叶、观花。

入药部位　全草。

药　　效　清热解毒、利尿通淋、消肿散瘀等。

066 落新妇
Astilbe chinensis (Maxim.) Franch. et Sav.

科　　属　虎耳草科落新妇属。

形态特征　多年生直立草本，高 50～100 cm。根状茎粗大，暗褐色。基生叶二回至三回三出复叶，小叶片卵状长圆形、菱状卵形或卵形，顶生者较侧生者大，边缘具重锯齿；茎生叶 2～3，比基生叶小。圆锥花序长 15～33 cm；花较密集，几无花梗；花序梗密被褐色卷曲长柔毛；苞片卵形；萼片 5，卵形，边缘具腺毛；花瓣 5，紫红色，条形。蓇葖果。种子褐色，细纺锤形。花期 5—6 月，果期 7—9 月。

分布生境　产于丽水、衢州（开化）、温州（文成、泰顺）等地。生于林下杂草丛中、山谷溪沟边。

观赏特性　观叶、观花。

入药部位　根。

药　　效　散瘀止痛、祛风除湿、清热止咳。

067 虎耳草
Saxifraga stolonifera Curtis

科　　属　虎耳草科虎耳草属。

形态特征　多年生草本，高14～45 cm。匍匐茎细长，红紫色。叶数枚基生；叶片肉质，圆形或肾形，基部心形或截形，上面具白色或淡绿色斑纹，下面淡绿色或紫红色，两面被伏毛，边缘浅裂并具不规则浅牙齿；叶柄长可达14 cm，与茎均被赤褐色伸展长柔毛。花序疏圆锥状，被短腺毛；苞片披针形，具柔毛；花不整齐；花瓣5，白色，上方3枚小，具黄色及紫红色斑点，卵形，下方2枚大，无斑纹，披针形。蒴果宽卵形。种子卵形。花期4—8月，果期6—10月。

分布生境　产于浙西南各地。生于山坡上、路旁及林下阴湿处或溪边石缝间。

观赏特性　观叶、观花。

入药部位　全草。

药　　效　清热解毒、祛风止痛。

068 黄水枝
Tiarella polyphylla D. Don

科　　属　虎耳草科黄水枝属。

形态特征　多年生草本，高 16～70 cm。根状茎匍匐，深褐色。茎密被白色伸展长柔毛及腺毛。叶基生及茎生；叶片宽卵形或五角形，3～5 浅裂，先端急尖，基部心形，边缘具浅齿，两面均被疏伏毛，基生叶叶柄长达 16 cm，被腺毛。总状花序顶生或腋生，疏散，密生短腺毛；花小，略下垂；萼片膜质，狭卵形；花瓣白色或淡红色，披针形。蒴果裂片不等长，顶端具尾状细尖。种子肾形或近椭圆形。花期 4—5 月，果期 4—7 月。

分布生境　产于衢州（衢江、开化）、丽水（遂昌、龙泉、庆元、云和、景宁）、温州（文成、泰顺）等地。生于林下、岩石边等阴湿处。

观赏特性　观叶、观花。

入药部位　全草。

药　　效　清热解毒、消肿止痛。

被子植物 109

069 野山楂

Crataegus cuneata Sieblod et Zucc.

科　　属　蔷薇科山楂属。

形态特征　落叶灌木，高达1.5 m。分枝密，具细刺。叶片宽倒卵形至倒卵状长圆形，先端急尖，基部楔形，下延至叶柄，边缘具不规则重锯齿，先端3或5~7浅裂；叶柄两侧有叶翼；托叶草质。伞房花序具5~7花；花序梗和花梗均被毛；被丝托钟状，外面被长柔毛；萼片三角状卵形，全缘或具齿，两面均有柔毛；花瓣白色，近圆形或倒卵形。果实近球形或扁球形，红色或黄色。花期5—6月，果期9—11月。

分布生境　产于浙西南各地。生于海拔1 500 m以下的山顶、山坡、山谷的灌草丛中或林缘。

观赏特性　观叶、观花、观果。

入药部位　果、叶。

药　　效　健胃消积、散瘀化滞。

被子植物 111

070 白鹃梅

Exochorda racemosa (Lindl.) Rehder

别　　名　茧子花。

科　　属　蔷薇科白鹃梅属。

形态特征　落叶灌木，高 2~5 m。小枝圆柱形，微具棱，无毛。叶片椭圆形、长椭圆形至长圆状倒卵形，先端圆钝或急尖，稀有突尖头，基部楔形或宽楔形，全缘，稀中上部具钝锯齿。总状花序具 6~10 花；花序梗和花梗无毛；苞片宽披针形；被丝托浅钟状；萼片白色，宽三角形，先端急尖或钝，边缘具尖锐细锯齿；花瓣白色，倒卵形，先端钝。蒴果倒圆锥形，具 5 脊。花期 3—5 月，果期 6—8 月。

分布生境　产于衢州（江山）、丽水（莲都、缙云）等地。生于海拔 1 100 m 以下的山坡灌丛中或林缘。

观赏特性　观叶、观花、观果。

入药部位　根皮、树皮。

药　　效　益肝明目，可治腰骨酸痛等症。

071 金樱子
Rosa laevigata Michx.

别　　名　刺梨子、糖罐头。

科　　属　蔷薇科蔷薇属。

形态特征　常绿攀缘灌木，高可达 5 m。小枝粗壮，散生皮刺。小叶 3，连叶柄长 5~10 cm；小叶片革质，椭圆状卵形、倒卵形或披针状卵形，边缘具锐锯齿；小叶柄、叶轴有皮刺和腺毛；托叶线状披针形，早落。花单生于叶腋；花梗密被腺毛，后变为针刺；被丝托外面密被腺毛，后变为针刺；萼片卵状披针形，边缘羽状浅裂或全缘；花瓣白色，宽倒卵形，先端微凹。果梨形或倒卵形，外面密被针刺。花期 4—6 月，果期 9—10 月。

分布生境　产于浙西南各地。生于海拔 1 200 m 以下的向阳山地、溪边、谷地疏林下或灌丛中。

观赏特性　观叶、观花、观果。

入药部位　根、叶、果。

药　　效　活血止血、解毒消肿、固精缩尿、涩肠止泻。

072 掌叶复盆子

Rubus chingii Hu

科　　属	蔷薇科悬钩子属。
形态特征	落叶灌木，高2～3 m。小枝具皮刺。叶片近圆形，掌状5深裂，稀3或7裂，基部近心形，边缘具重锯齿或缺刻状锯齿，两面脉上有白色短柔毛；叶柄长3～5 cm；托叶基部与叶柄合生，线状披针形。花单生于短枝顶端或叶腋；被丝托有稀疏柔毛或近无毛；萼片卵形或卵状长圆形，外面密被短柔毛；花瓣白色，椭圆形或卵状长圆形，先端圆钝。聚合果中空，球形，红色，密被白色柔毛。花期3—4月，果期5—6月。
分布生境	产于浙西南各地。生于海拔1 200 m以下的山坡疏林、灌丛或山麓林缘。
观赏特性	观叶、观花、观果。
入药部位	果实。
药　　效	具补肾固精、安胎缩尿等功效；根能止咳、活血消肿。

073 云实
Caesalpinia decapetala (Roth) Alston

别　　名　斗米虫树。

科　　属　云实科云实属。

形态特征　落叶攀缘藤本。枝叶散生倒钩状皮刺。二回偶数羽状复叶，羽片3～10对；小叶6～15对，膜质，长圆形，两端钝圆，全缘。总状花序顶生，直立，长13～35 cm，具多花，密被短柔毛；花梗顶端具关节；花萼筒短，萼齿5；花冠黄色，花瓣5。荚果栗褐色，宽带状，具6～9种子。种子棕褐色，椭球形。花期4—5月，果期7—10月。

分布生境　产于浙西南各地。生于海拔1 000 m以下的山谷、山坡、路边、村旁灌丛中或林缘。

观赏特性　观叶、观花、观果。

入药部位　荚果、种子、花、茎及根。

药　　效　可用于幼儿厌食积食、提高人体免疫力等。

074 锦鸡儿

Caragana sinica (Buc'hoz) Rehder

别　　名	土黄芪。
科　　属	蝶形花科锦鸡儿属。
形态特征	灌木，高1~2 m。小枝黄褐色或灰色，多少有棱。一回羽状复叶，有小叶2对，顶端1对通常较大；叶轴先端与托叶常硬化成针刺；小叶倒卵形、倒卵状楔形或长圆状倒卵形，先端圆或微凹，常具短尖头。花两性，单生于叶腋；花梗中部具关节；花萼钟状，绿色，基部呈短囊状；花冠黄色带红色，凋谢前呈红褐色，旗瓣基部带绿色或红绿两色，翼瓣长圆形，黄色，龙骨瓣黄绿色。荚果稍扁，无毛。花期4—5月，果期5—8月。
分布生境	产于浙西南各地。生于海拔1 000 m以下的山坡、山谷、路旁灌丛中；各地农家常有栽培。
观赏特性	观叶、观花。
入药部位	根、花。
药　　效	称"土黄芪"，祛风活血、平肝、利尿；花有补中益气的功效。

075 山豆根

Euchresta japonica Hook. f. ex Regel

别　　名　胡豆莲、三叶山豆根。

科　　属　蝶形花科山豆根属。

形态特征　常绿小灌木，高30~90 cm。茎基部匍匐，生不定根，分枝少；幼枝、叶柄、小叶下面、花序及花梗均被淡褐色短毛。羽状三出复叶；小叶软革质，有光泽，倒卵状椭圆形或椭圆形，先端圆钝，基部宽楔形或近圆形；顶生小叶较大；叶柄长3~6 cm。总状花序与叶对生；萼筒斜钟状，萼齿5，最下1枚最长，其余4枚极短；花冠白色，旗瓣先端微凹，具瓣柄。荚果肉质，椭球形成熟时呈黑色，具1种子。花期5—7月，果期9—11月。

分布生境　产于衢州（开化、常山、江山）、丽水（莲都、遂昌、松阳、庆元）、温州（文成、泰顺）。生于海拔700~1 200 m的阴湿山沟边、山坡常绿阔叶林下。

观赏特性　观叶、观花、观果。

入药部位　根、根茎。

药　　效　清热解毒、消肿利咽。

076 胡枝子

Lespedeza bicolor Turcz.

科　　属　蝶形花科胡枝子属。

形态特征　直立灌木，高1~3 m。多分枝，小枝稍具棱。小叶形状变化极大，卵形、倒卵形、宽倒卵形、倒心形、卵状长圆形、长圆状椭圆形或椭圆形，顶生小叶较大，先端圆钝、微凹至深凹。总状花序腋生，长于复叶，在枝顶常排成圆锥花序；花萼5中裂至浅裂；花冠紫红色，旗瓣倒卵形、宽倒卵形或近圆形，先端微凹，长于翼瓣和龙骨瓣。荚果斜卵形、斜倒卵形或长圆形，密被短柔毛。花期7—9月，果期9—11月。

分布生境　产于浙西南各山区、丘陵。生于海拔50~1 600 m的山坡、路旁灌丛中或疏林下。

观赏特性　观叶、观花。

入药部位　根。

药　　效　清热解毒、祛痰止咳、凉血消肿。

被子植物 121

077 红花苦参

Sophora flavescens Aiton var. *galegoides* (Pall.) DC.

科　　属	蝶形花科槐属。
形态特征	亚灌木状草本，高 0.5～2 m。根圆柱状，有刺激性气味，味极苦而持久。奇数羽状复叶，长 20～35 cm，有 11～35 小叶；托叶条形，早落；小叶片披针形或条状披针形，稀椭圆形，下面密生伏贴柔毛。总状花序顶生，具多数花；花萼钟状，偏斜，紫色或绿色；花冠多少呈紫红色。荚果革质，近圆柱形。种子棕褐色，卵圆形。花期 5—7 月，果期 7—9 月。
分布生境	产于丽水（景宁）、温州（文成）。生于海拔 100～900 m 的山沟毛竹林下、山坡灌丛中或石灰岩山地上。
观赏特性	观叶、观花。
入药部位	根。
药　　效	治疗皮肤瘙痒、神经衰弱、消化不良及便秘等症。

078 胡颓子

Elaeagnus pungens Thunb.

别　　名　斑楂。

科　　属　胡颓子科胡颓子属。

形态特征　常绿直立或披散状灌木，高 3~4 m。常具棘刺；幼枝密被脱落性锈褐色鳞片；叶柄、花及果实被锈色鳞片。叶片革质，椭圆形至长圆状椭圆形，全缘，上面具光泽，下面密被银白色或淡黄色鳞片，并散生较大的褐色鳞片，外观呈双色。花银白色或黄白色，1~3 朵生于叶腋锈色的短小枝上；花萼筒圆筒形或漏斗状圆筒形。果实椭球形，成熟时呈红色。花期 9—12 月，果期次年 4—6 月。

分布生境　产于浙西南各地。常生于海拔 1 200 m 以下的山坡灌丛中或向阳的溪谷两旁及村旁路边，多见于沿海和丘陵。

观赏特性　观叶、观花、观果。

入药部位　根、叶、果实。

药　　效　降血糖、降血脂、抗脂质氧化、抗炎镇痛、提高免疫力。

079 毛瑞香

Daphne kiusiana Miq. var. *atrocaulis* (Rehder) F. Maek.

别　　名　白瑞香。

科　　属　瑞香科瑞香属。

形态特征　常绿灌木，高 0.5～1.2 m。枝紫褐色或紫黑色，无毛。叶互生，有时簇生于枝端；叶片皮革质，椭圆形至倒披针形，先端短尖至渐尖而钝头，基部楔形，全缘，微反卷，上面深绿色，下面浅绿色。花芳香，5～13 朵簇生成稠密的顶生头状花序；花序梗几无；花萼白色，萼筒管状，外面密被丝状柔毛，裂片 4。核果卵状椭球形，红色。花期 3—4 月，果期 8—9 月。

分布生境　产于丽水、温州、衢州（开化）等地。生于海拔 60～1 600 m 的山坡上、沟谷中、溪边较阴湿的林下或灌丛中。

观赏特性　观叶、观花。

入药部位　根、茎皮。

药　　效　活血消肿、利咽。

080 结香

Edgeworthia chrysantha Lindl.

别　　名　黄瑞香、三桠皮。

科　　属　瑞香科结香属。

形态特征　落叶灌木，高达 2 m。小枝粗壮，棕红色，具皮孔，常为三叉状分枝，皮部韧性极强，打结后仍能生长；幼枝、花序梗、花萼筒外均被白色绢状柔毛。叶互生，常簇生于枝端；叶片纸质，椭圆状长圆形或椭圆状倒披针形，全缘，下面具长硬毛。头状花序顶生或腋生，由 30～50 花组成半球状；花序梗粗短，下弯；花芳香，无梗；花萼管状，裂片 4，内面黄色。果卵形。花期 2—3 月，果期 8—9 月。

分布生境　产于丽水、温州。生于海拔 700～1 000 m 的山坡、山谷土壤湿润肥沃的林下。

观赏特性　观叶、观花。

入药部位　根、叶、花。

药　　效　舒筋活络、润肺益肾。

081 北江荛花
Wikstroemia monnula Hance

别　　名　玲珑荛花、山棉皮。
科　　属　瑞香科荛花属。
形态特征　落叶灌木，高 0.7~3 m。幼枝、花序梗、花萼及子房顶端均被柔毛；老枝紫褐色，无毛。叶对生，稀互生；叶片膜质，卵状椭圆形至长椭圆形，上面绿色，下面淡绿色，有时带紫红色，疏被柔毛，中脉被毛较多。花叶同放；总状花序顶生而缩短成近头状，每花序具 3~12 花；花萼淡红色或紫红色，稀白色，裂片 4，卵形。核果卵形，肉质，成熟时呈白色。花期 3—5 月，果期 6—8 月。
分布生境　产于浙西南各山区、丘陵。生于海拔 1 600 m 以下的向阳山坡灌丛中或疏林下。
观赏特性　观叶、观花。
入药部位　根。
药　　效　活血散瘀。

082 秀丽野海棠
Bredia amoena Diels

科　　属　野牡丹科野海棠属。

形态特征　常绿小灌木，高30～70 cm。茎圆柱形，小枝略四棱形，嫩枝密被红褐色柔毛及腺毛。叶片纸质，卵形至椭圆形，全缘至具细波齿，基出脉5；叶柄被微柔毛。聚伞花序组成圆锥花序，顶生，直立；花序梗、花序轴及分枝、花萼均密被微柔毛及腺毛；花萼钟状漏斗形；花瓣粉红色、紫红色，稀白色。蒴果近球形，为宿萼所包。花期7—9月，果期10—12月。

分布生境　产于浙西南各地。生于海拔200～1 500 m的山坡沟谷林下或路边灌草丛中，较喜光耐旱。

观赏特性　观叶、观花、观果。

入药部位　全株。

药　　效　祛风利湿、活血调经。

083 地菍

Melastoma dodecandrum Lour.

科　　属　野牡丹科野牡丹属。

形态特征　常绿匍匐亚灌木。茎逐节生根，多分枝。叶片坚纸质，卵形或椭圆形，全缘或具细锯齿，基出脉通常3；叶柄有糙伏毛。聚伞花序具1～3花，基部具2叶状总苞；花梗被糙伏毛；花萼筒被糙伏毛，裂片披针形；花瓣粉红色至紫红色，偶有白色，具缘毛。果坛状球形，成熟时呈紫黑色，被短刺。花期6—8月，果期8—11月。

分布生境　除浙北平原未见外，全省各地均产。生于海拔1 200 m以下的山坡草丛中或疏林下。

观赏特性　观叶、观花、观果。

入药部位　全株。

药　　效　解毒止泻、活血止血。

084 锦香草

Phyllagathis cavaleriei (H. Lév. et Vaniot) Guill.

别　　名　短毛熊巴掌。

科　　属　野牡丹科锦香草属。

形态特征　多年生草本，高 10～15 cm。茎四棱形，密被长粗毛，下部常匍匐，逐节生根。叶片纸质，宽卵形、宽椭圆形或近圆形，先端近圆形，基部心形，边缘有不明显的浅波状齿及缘毛，两面绿色或下面带紫红色，上面具粗糙伏毛，下面沿脉被长粗毛和短刺毛，基出脉 7 或 9；叶柄密被长粗毛。伞形花序顶生，具 3～17 花；花梗与花萼均被糠秕状微柔毛；花萼漏斗状，四棱形；花瓣粉红色或淡紫色。蒴果杯状。花期 7—8 月，果期 8—10 月。

分布生境　产于丽水（庆元）、温州（文成、泰顺）。生于海拔 400～1 000 m 的沟谷林下阴湿处。

观赏特性　观叶、观花、观果。

入药部位　全株。

药　　效　具清凉功效；用叶片炖肉有滋补作用。

085 卫矛

Euonymus alatus (Thunb.) Siebold.

别　　名　鬼箭羽。
科　　属　卫矛科卫矛属。
形态特征　落叶灌木，高 1～3 m。小枝上常有 4 列扁平宽大的木栓翅。叶纸质，倒卵形、菱状倒卵形或椭圆形，边缘具细锯齿；叶柄极短或几无。聚伞花序腋生，具 3～5 花；花 4 数，淡黄绿色；花盘肥厚，方形。蒴果棕褐色带紫色，深裂几至基部。鲜红色假种皮全包种子。花期 5—6 月，果期 7—12 月。
分布生境　产于浙西南各地。生于海拔 1 600 m 以下的山坡、山脊或沟谷灌丛中。
观赏特性　观叶、观茎、观花、观果。
入药部位　木栓翅，称"鬼箭羽"。
药　　效　破血通经、解毒消肿、降血脂、降血糖等。

被子植物 131

086 扶芳藤
Euonymus fortunei (Turcz.) Hand.

科　　属	卫矛科卫矛属。
形态特征	常绿藤本。茎、枝常具气生根。小枝圆柱形。叶片薄革质，椭圆形、长椭圆形至长圆状倒披针形，先端急尖至短渐尖，有时钝圆，基部楔形、近圆形，边缘有细钝锯齿。聚伞花序腋生，二歧分枝；花绿白色，4数；花瓣卵圆形或长卵形；花盘近方形；蒴果近球形，成熟时果皮呈乳白色，表面光滑，4裂。种子卵形，棕褐色，被鲜红色假种皮全包。花期7—8月，果期10—12月。
分布生境	产于浙西南各地。生于海拔20～1 250 m的山坡林中或林缘，常攀爬于岩石、围墙或树干上。
观赏特性	观叶、观花、观果。
入药部位	茎、叶。
药　　效	活血散瘀，民间用于治疗肾炎、跌打损伤。

087 冬青

Ilex chinensis Sims

科　　属	冬青科冬青属。
形态特征	常绿乔木，高达15 m。叶片薄革质，狭卵形至长圆形，先端渐尖，基部宽楔形，边缘具疏浅钝齿。复聚伞花序单生于叶腋，无毛；花淡紫色或紫红色，4或5数；雄花花萼裂片宽三角形，花瓣卵圆形，雄蕊短于花瓣；雌花花萼、花瓣与雄花相似。核果椭球形，成熟时呈鲜红色；分核4或5，长椭球形，背面具1纵沟。花期4—6月，果期10—12月，可宿存于树上至次年3月。
分布生境	产于浙西南各山区、丘陵、岛屿。生于海拔1 300 m以下的山坡或沟谷常绿阔叶林中。
观赏特性	观叶、观花、观果。
入药部位	根皮、叶。
药　　效	清热解毒、凉血止血。

088 大叶冬青

Ilex latifolia Thunb.

别　　名　苦丁茶。

科　　属　冬青科冬青属。

形态特征　常绿乔木，高达15 m。叶片厚革质，长圆形至近卵形，先端急尖或钝尖，基部宽楔形至近圆形，边缘有疏锯齿，中脉在上面凹陷，下面隆起。花序簇生，圆锥状，有主轴；雄花序每分枝具多花，花萼裂片卵圆形，花瓣长圆形；雌花序每分枝具1～3花，花瓣卵形。核果球形，成熟时呈鲜红色；分核4，长椭球形，背面有3纵脊。花期4—5月，果期10—12月，可宿存于树上至次年4月。

分布生境　产于浙西南各地。生于海拔200～850 m的山坡、沟谷常绿阔叶林中或竹林中。

观赏特性　观叶、观花、观果。

入药部位　嫩叶、树皮。

药　　效　具清热解毒、平肝等功效。此外，嫩叶是制作苦丁茶的原料之一。

089 算盘子

Glochidion puber (L.) Hutch.

- **别　　名**　馒头果。
- **科　　属**　大戟科算盘子属。
- **形态特征**　落叶灌木或小乔木，高1～8 m。小枝、叶片下面、叶柄、萼片外面、子房和果实均密被短柔毛。叶片长圆形或长圆状披针形，先端短尖或钝，基部宽楔形，下面浅绿色，网脉明显。花单性同株，2～5朵簇生于叶腋；雄花萼片6，雄蕊3，合生；雌花萼片6，与雄花相似，子房球状。蒴果扁球形，具纵浅沟，直径1～1.5 cm，被短柔毛。花期5—6月，果期6—10月。
- **分布生境**　产于浙西南各丘陵、山区。生于山坡、沟谷溪旁林缘、灌丛中。
- **观赏特性**　观叶、观果。
- **入药部位**　根、茎、叶和果实。
- **药　　效**　活血散瘀、消肿解毒等。

090 多花勾儿茶
Berchemia floribunda (Wall.) Brongn.

科　　属　鼠李科勾儿茶属。

形态特征　落叶藤状灌木。小枝绿色，光滑无毛。叶片纸质，茎上部者较小，卵形或卵状椭圆形至卵状披针形，先端急尖，叶柄短于1 cm；茎下部者较大，椭圆形至长圆形，先端钝或圆，基部圆形，叶柄长1～3.5 cm。宽聚伞圆锥花序顶生，具长分枝，或下部兼有腋生聚伞总状花序，长达15 cm；花极多，黄绿色；萼片三角形；花瓣倒卵形。核果圆柱形。花期7—12月，果期次年4—12月。

分布生境　产于衢州（开化）、丽水（遂昌、松阳、龙泉、庆元、景宁）、温州（泰顺）。生于海拔20～1 100 m的溪沟边、山坡灌丛中、林中。

观赏特性　观叶、观花、观果。

入药部位　根。

药　　效　祛风除湿、散瘀消肿、止痛。

091 三叶崖爬藤
Tetrastigma hemsleyanum Diels et Gilg

别　　名　三叶青、金线吊葫芦。

科　　属　葡萄科崖爬藤属。

形态特征　多年生常绿草质藤本。块根卵形或椭圆形；茎下部节上生根；一年生小枝纤细，有细纵棱纹；卷须不分枝。掌状 3 小叶复叶；中央小叶片稍大，狭卵形至披针形，侧生小叶基部不对称，边缘疏生具腺头小锯齿或齿突；叶柄长 1.3～3.5 cm。聚伞花序腋生或假顶生，花序梗短于叶柄，被短柔毛，下部有节，节上有苞片；花梗有短硬毛；花瓣先端有小角。浆果近球形。种子 1，倒卵状椭球形。花期 4—5 月，果期 10—11 月。

分布生境　产于浙西南各地。生于海拔 1 300 m 以下的山坡、沟谷溪边林下、灌丛和乱石堆石缝中。

观赏特性　观叶。

入药部位　全株。

药　　效　具活血散瘀、解毒、化痰等功效；块茎对小儿高烧有特效。

092 刺葡萄
Vitis davidii (Rom. Caill.) Foëx

别　　名　山葡萄。
科　　属　葡萄科葡萄属。
形态特征　木质藤本。茎粗壮；幼枝密生直立或顶端稍弯曲的皮刺，枝和刺呈棕红色；卷须2分枝。叶片宽卵形至卵圆形，先端短渐尖，有时不明显3浅裂，基部心形，边缘有波状细锯齿，上面暗绿色，脉上微有短柔毛或近无毛，下面通常灰白色，除主脉和脉腋有短柔毛外，余无毛，基出脉5，侧脉4或5对；叶柄长6～13 cm，通常疏生小皮刺。圆锥花序长5～15 cm。浆果球形，成熟时呈蓝紫色。花期4—5月，果期8—10月。
分布生境　产于浙西南各地。生于海拔1 500 m以下的山坡、沟谷林中或灌丛中，攀缘于树冠、岩石上。
观赏特性　观叶、观茎、观花、观果。
入药部位　根。
药　　效　祛风湿、利小便。

093 黄花远志
Polygala arillata Buch.-Ham. ex D. Don

- **别　　名**　荷包山桂花。
- **科　　属**　远志科远志属。
- **形态特征**　落叶灌木，稀小乔木，高 1～2（5）m 。植株被短柔毛。叶片纸质，椭圆形、长圆状椭圆形至长圆状披针形，全缘，具缘毛。总状花序与叶对生，下垂；花长 13～20 mm，花梗基部具 1 三角状苞片；萼片具缘毛，花后脱落；花瓣 3，肥厚，黄色。蒴果宽肾形至略心形，成熟时呈紫红色。种子球形。花期 5—6 月，果期 6—8 月。
- **分布生境**　产于衢州（开化）、丽水（缙云、遂昌、松阳、龙泉、庆元）。生于海拔 700～1 100 m 的林下及林缘。
- **观赏特性**　观叶、观花。
- **入药部位**　根皮。
- **药　　效**　清热解毒、祛风除湿、补虚消肿等。

094 狭叶香港远志
Polygala hongkongensis Hemsl. var. *stenophylla* (Hayata) Migo

科　　属　远志科远志属。

形态特征　多年生直立草本或亚灌木状，高 15~30（50）cm。茎枝被卷曲短柔毛。叶片纸质或膜质，茎下部叶小，卵形上部叶狭披针形，先端渐尖，基部圆形，多少反卷。总状花序顶生，花序轴及花梗被短柔毛；基部具 3 苞片；萼片宿存，外萼片舟形或椭圆形，内凹，内萼片花瓣状，椭圆形；花瓣 3，白色或紫色，深波状，龙骨瓣盔状，顶端具广泛流苏状、鸡冠状附属物；花丝 4/5 以下合生成鞘。蒴果扁球形。种子 2，卵形，黑色。花期 5—6 月，果期 6—7 月。

分布生境　产于浙西南各山区。生于海拔 1 480 m 以下的山谷林下、路旁或草丛中。

观赏特性　观叶、观花。

入药部位　全草。

药　　效　祛风等。

被子植物 145

095 大叶金牛
Polygala latouchei Franch.

科　　属　远志科远志属。

形态特征　常绿矮小亚灌木，高10～20 cm。具匍匐茎。叶集生于枝上部，呈莲座状；叶片厚纸质，卵状披针形至倒卵状或椭圆状披针形，先端急尖，基部近圆形，偏斜，上面被白色小刚毛，背面淡红色或暗紫色；叶柄具狭翅，被短柔毛。总状花序顶生或近顶生，被短柔毛；花长约7 mm，花梗基部具1苞片，卵状披针形，早落；花瓣3，膜质，粉红色至紫红色。蒴果扁球形，具翅。种子卵球形，被白色短柔毛。花果期10月至次年4月。

分布生境　产于丽水（莲都、庆元、景宁）。生于海拔900～1 250 m的林下、林缘或山坡路旁。

观赏特性　观叶、观花。

入药部位　全草。

药　　效　清热解毒、活血化瘀等。

096 野鸦椿

Euscaphis japonica (Thunb.) Kanitz

别　　名　鸟眼睛、鸡肫皮。

科　　属　省沽油科野鸦椿属。

形态特征　落叶灌木或小乔木，高可达 7 m。树皮灰褐色，具纵裂纹；小枝及芽红棕色；枝叶揉碎后有臭味。奇数羽状复叶对生，小叶（3）5～9（11）；小叶片卵圆形至卵状披针形，先端渐尖，基部圆形或宽楔形，边缘具细锐锯齿。圆锥花序顶生；花小，黄绿色。果序长 10～20 cm，下垂；蓇葖果；果皮软革质，成熟时呈紫红色，外面具明显的纵脉纹。种子近球形，亮黑色。花期 4—6 月，果期 8—11 月。

分布生境　产于浙西南各山区。生于海拔 1 600 m 以下的山谷、坡地、溪边、路旁阔叶林中。

观赏特性　观叶、观花、观果。

入药部位　根、干果。

药　　效　祛风除湿等。

097 茵芋

Skimmia reevesiana (Fortune) Fortune

科　　属　芸香科茵芋属。

形态特征　灌木，高 0.5～1 m。小枝灰褐色，髓中空。叶互生，常近轮状集生于枝顶；叶片革质，狭长圆形或长圆形，先端短尖或短渐尖，基部楔形，全缘，上面中脉被微柔毛，有明显细小油点。聚伞状圆锥花序顶生，花序梗和花梗被短柔毛；花杂性，5 数；萼片宽卵形，有短缘毛；花瓣白色，上端外侧常粉红色，卵状长圆形。果椭球形，红色；萼片宿存。种子 2 或 3。花期 3—5 月，果期 8—11 月。

分布生境　产于丽水、温州、衢州（市区、开化）。生于海拔 500～1 500 m 的山地沟边、林下阴湿处。

观赏特性　观叶、观花、观果。

入药部位　叶。

药　　效　主治顽痹拘挛。

被子植物 151

098 棘茎楤木
Aralia echinocaulis Hand.-Mazz.

别　　名　红楤木、鸟不踏、红刺桐。
科　　属　五加科楤木属。
形态特征　落叶灌木或小乔木状，高 2~4 m。茎干、小枝、叶轴密生红棕色细长针状直刺。二回羽状复叶，羽片有 5~9 小叶，基部有 1 对小叶；小叶片长圆状卵形至披针形，先端长渐尖，基部圆形至宽楔形，略歪斜，边缘疏生细锯齿，小叶近无柄。伞形花序组成顶生圆锥花序，长 30~50 cm，主轴和分枝常带紫褐色，被糠屑状毛；花萼具 5 小齿，淡红色；花瓣 5，白色。果球形，具 5 棱，紫黑色。花期 6—7 月，果期 8—9 月。
分布生境　产于浙西南丘陵山区。生于山坡疏林中、林缘或边坡乱石堆中。
观赏特性　观叶、观花、观果。
入药部位　根、根皮。
药　　效　祛风除湿、行气活血、解毒消肿等。

099 树参

Dendropanax dentiger (Harms) Merr.

别　　名　木荷枫。
科　　属　五加科树参属。
形态特征　常绿小乔木。叶二型；叶片厚纸质或革质，不分裂者常椭圆形，先端渐尖，基部圆楔形，基三出脉，有半透明红棕色腺点；分裂者轮廓倒三角形，掌状2或3深裂或浅裂；叶柄长0.5～8 cm。伞形花序具6～25花或更多，单个顶生或2～5个聚生成复伞形花序；花序梗粗壮；苞片卵形，早落；花萼具5小齿；花瓣5，卵状三角形，淡绿色。果梗长1～3 cm；果椭球形，紫黑色。花期7—8月，果期9—10月。
分布生境　产于浙西南丘陵山区。生于海拔200～1 200 m的山谷溪边石隙旁，或山坡林中、林缘。
观赏特性　观叶、观果。
入药部位　根、树皮、叶。
药　　效　祛风除湿、舒筋活血、壮筋骨等。

100 竹节参

Panax japonicus (Nees) C.A. Mey.

别　　名　竹鞭三七、竹节人参。

科　　属　五加科人参属。

形态特征　多年生草本，高达1 m。根状茎横生，竹鞭状，常一年生一节，肉质肥厚；主根常不膨大；地上茎直立，无毛。掌状复叶3~5枚轮生于茎顶；叶柄长5~10 cm；小叶常5；中央小叶片椭圆形，常偏斜，有锯齿。伞形花序单生于茎顶，具50~80花；花序梗长9~28 cm；花小，深绿色；花萼有5齿；花瓣5，长卵形。果近球形。种子白色，三角状长卵球形。花期6—8月，果期8—10月。

分布生境　产于丽水（遂昌、龙泉、庆元、景宁）、温州（泰顺）等地。生于海拔800~1 400 m的沟谷林下水沟边或阴湿岩石旁、毛竹林下。

观赏特性　观叶、观花、观果。

入药部位　根状茎、叶。

药　　效　根状茎名"竹三七"，能滋补强壮、散瘀止血；叶有生津止渴、清热解毒等功效。

被子植物 155

101 五岭龙胆

Gentiana davidii Franch.

科　　属　龙胆科龙胆属。

形态特征　多年生草本，高7～22 cm。须根略肉质。茎自基部分枝，披散或斜升，具棱角。叶对生，营养枝上密集成莲座状，在花枝上下部稍疏生；叶片狭长椭圆形、长圆状或椭圆状披针形，先端稍钝，基部渐狭而连合，无柄，上面有柔毛，基出脉3。花多数簇生于茎端，基部具3～5叶；花萼裂片边缘有小睫毛；花冠紫色，漏斗状，裂片卵形。蒴果长椭球形。种子多数，近球形，有蜂窝状纹孔。花果期8—11月。

分布生境　产于衢州（开化、江山）、丽水（遂昌、龙泉、云和、景宁、青田）、温州（文成、泰顺）等地。生于海拔580～1 800 m的山坡路旁草丛中、林下、林缘、湿地中或山谷溪边。

观赏特性　观叶、观花。

入药部位　全草。

药　　效　清热解毒、利尿等。

102 华南龙胆

Gentiana loureiroi (G. Don) Griseb.

| 科　　属 | 龙胆科龙胆属。 |

形态特征　多年生草本，高3~8 cm。主根略肉质，粗壮。茎少数丛生，紫红色。叶对生，基生叶较大，叶片狭椭圆形；茎生叶较小，叶片椭圆形或椭圆状披针形，先端急尖，基部变狭，连合成鞘状。花单生于枝端；花梗明显，紫红色；花萼钟形；花冠漏斗形，外面黄绿色，内面蓝紫色。蒴果稍压扁，倒卵球形，先端圆，有翅。种子多数，狭卵球形或椭球形，棕褐色。花果期4—8月。

分布生境　产于丽水（龙泉、庆元、景宁、青田），温州（瑞安、文成、平阳、泰顺）等地。生于山坡草丛中及山顶灌草丛中。

观赏特性　观叶、观花。

入药部位　全草。

药　　效　治毒疮及无名肿毒。

103 龙胆
Gentiana scabra Bunge

科　　属	龙胆科龙胆属。
形态特征	多年生草本，高30～90 cm。簇生多数条状根，淡棕黄色，略肉质。茎略具4棱，具乳头状毛。叶对生；叶片卵形或卵状披针形，先端渐尖，基部圆形，基出脉3～5，无柄；下部叶片鳞片形，淡紫红色。花单生或簇生于茎端或叶腋，无花梗；花下具2披针形苞片；萼筒钟状；花冠蓝紫色，管状钟形，裂片卵形。蒴果椭球形，有子房柄。种子多数，边缘具翅。花果期9—11月。
分布生境	产于浙西南各丘陵、山区，以西北部山区较多。生于海拔1 800 m以下向阳山坡草丛、灌草丛或山顶草丛中。
观赏特性	观叶、观花。
入药部位	根、根状茎。
药　　效	清热燥湿、泻肝胆火等。

104 华双蝴蝶

Tripterospermum chinense (Migo) H. Smith ex Nilsson

别　　名　华肺形草。

科　　属　龙胆科双蝴蝶属。

形态特征　多年生缠绕草本。基生叶常两对，紧贴地面，密集呈莲座状，叶片椭圆形、宽椭圆形，全缘，上面常有网纹，无柄；茎生叶片卵状披针形，先端渐尖或尾状，基出脉 3～5。花 2～4 朵组成聚伞花序，少单花、腋生；花梗短；苞片小；花萼具 5 脉，脉上有膜质翅，顶端 5 裂；花冠紫色，钟形。蒴果长椭球形，2 瓣开裂。种子多数，三棱锥状，有翅。花果期 9—12 月。

分布生境　产于浙西南各山区。生于海拔 1 800 m 的山坡林下、林缘、灌木丛或草丛中。

观赏特性　观叶、观花。

入药部位　全草。

药　　效　清肺止咳、利尿、解毒等。

被子植物 161

105 白英

Solanum lyratum Thunb.

科　　属　茄科茄属。

形态特征　多年生草质藤本，茎及小枝均密被具节长柔毛。叶互生；叶片琴形或卵状披针形，基部常3~5深裂，裂片全缘，两面均被白色发亮的长柔毛；叶柄被具节长柔毛。聚伞花序顶生或腋外生，疏花；总花梗被具节的长柔毛；花梗顶端稍膨大，基部具关节；花萼杯状，5浅裂；花冠蓝紫色或白色，顶端5深裂，裂片椭圆状披针形，自基部向下反折。浆果球形，成熟时呈红色。种子近盘状，扁平。花期7—8月，果期10—11月。

分布生境　产于浙西南各地。生于海拔650 m以下的山坡林下、溪边草丛或田边、路旁、村旁。

观赏特性　观叶、观花、观果。

入药部位　全草。

药　　效　清热解毒。

被子植物　163

106 龙珠

Tubocapsicum anomalum (Franch. et Sav.) Makino

科　　属	茄科龙珠属。

形态特征　多年生草本，株高可达 1.5 m。茎直立，二歧分枝，枝稍"之"字形折曲，具细纵棱。叶片薄纸质，卵形、椭圆形或卵状披针形，基部歪斜楔形，常下延至叶柄，全缘或略呈波状。花单生或 2~6 花簇生于叶腋；花梗细弱，俯垂；花萼顶端不裂，果时稍增大而宿存；花冠淡黄色，5 浅裂，裂片卵状三角形，常向外反曲。浆果球形，成熟后呈鲜红色，具光泽。种子淡黄色，扁圆形。花期 7—9 月，果期 9—11 月。

分布生境　产于浙西南各地。生于海拔 890 m 以下的山坡林缘、山谷溪边及灌草丛中。

观赏特性　观叶、观花、观果。

入药部位　茎、叶、果实。

药　　效　清热解毒、除烦热。

107 兰香草

Caryopteris incana (Thunb. ex Houtt.) Miq.

科　　属　马鞭草科莸属。

形态特征　直立亚灌木，高20～80 cm。枝圆柱形，略带紫色，被向上弯曲的灰白色短柔毛。叶片厚纸质，卵状披针形或长圆形，边缘有粗齿，两面密被稍弯曲的短柔毛；叶柄被灰白色短柔毛。聚伞花序紧密，腋生和顶生；花萼杯状，果时增大，宿存，外面密被短柔毛；花冠淡紫色或紫蓝色，二唇形，外面具短柔毛，花冠筒喉部有毛环，唇中裂片较大，边缘流苏状。果实倒卵状球形，上半部被粗毛。花果期8—11月。

分布生境　产于浙西南各地。生于海拔1 600 m以下较干燥的草坡、林缘及路旁。

观赏特性　观叶、观花。

入药部位　根、全草。

药　　效　祛痰止咳、散瘀止痛等。

108 臭牡丹

Clerodendrum bungei Steud.

科　　属	马鞭草科大青属。

形态特征　灌木，高约 1 m。植株有臭味。幼枝有短柔毛，皮孔明显。叶片纸质，宽卵形或卵形，先端急尖或渐尖，基部通常心形，边缘具粗锯齿或小齿，基部脉腋有数个盘状腺体；叶柄长 4～12 cm，常有短柔毛和细小腺体。顶生聚伞花序密集成头状；苞片叶状，卵状披针形；花萼钟形，并有数个盘状腺体；花冠淡红色或紫红色，裂片倒卵形。核果近球形，成熟时呈蓝黑色。花期 6—7 月，果期 9—11 月。

分布生境　产于衢州（开化）、温州（文成、泰顺）等地。生于海拔 100～700（1 300）m 的山坡荒地、路边和屋舍旁。

观赏特性　观叶、观花。

入药部位　根、叶、全草。

药　　效　清热利湿、祛风解毒、消肿止痛等。

109 豆腐柴

Premna microphylla Turcz.

别　　名　腐婢。

科　　属　马鞭草科豆腐柴属。

形态特征　落叶灌木。幼枝上有柔毛，老枝变无毛。叶片纸质，揉之成团有气味，卵状披针形、椭圆形或卵形，先端急尖或渐尖，基部楔形下延，边缘有疏锯齿至全缘。聚伞花序组成顶生塔状圆锥花序；花萼杯状，5浅裂，裂片边缘有睫毛；花冠淡黄色，外面有短柔毛和腺点，顶端4浅裂。核果倒卵形至近球形，幼时呈绿色，成熟时呈紫黑色。花期5—6月，果期8—10月。

分布生境　产于浙西南各地。生于1 400 m以下的山坡林下或林缘。

观赏特性　观叶、观花、观果。

入药部位　根、叶。

药　　效　清热解毒。

被子植物 169

110 活血丹

Glechoma longituba (Nakai) Kupr.

- **科　　属**　唇形科活血丹属。
- **形态特征**　多年生草本。茎匍匐,长达 50 cm,逐节生根,幼嫩部分被疏长柔毛,后变无毛。叶片心形或近肾形,两面有毛或近无毛。轮伞花序常具 2 花,稀具 4~6 花;花萼管状,外面被长柔毛;花冠淡蓝色、蓝色至紫色,花冠筒直立,先端膨大成钟形,有长筒和短筒两型,下唇具深色斑点。小坚果长圆状卵形,顶端圆。花期 3—5 月,果期 5—6 月。
- **分布生境**　产于浙西南各地。生于海拔 1 200 m 以下的林缘、疏林下、草地中、田边等阴湿处。
- **观赏特性**　观叶、观花。
- **入药部位**　全草、茎、叶。
- **药　　效**　清热解毒、排石通淋等。

111 益母草

Leonurus japonicus Houtt.

科　　属	唇形科益母草属。
形态特征	一年生或二年生草本。茎直立，高 0.3~1.2 m，有倒向糙伏毛，在节及棱上尤为密集。叶片轮廓变化很大，基生叶圆心形，边缘 5~9 浅裂，每裂片有 2~3 钝齿；茎下部叶为卵形，掌状 3 裂，中裂片长圆状菱形至卵形；茎中部叶为菱形，较小，通常分裂成 3 个长圆状条形的裂片；轮伞花序具 8~15 花，腋生；花萼管状钟形；花冠粉红色、淡紫红色。小坚果长圆状三棱形，淡褐色。花果期 5—10 月。
分布生境	产于浙西南各地。生于海拔 1 000 m 以下的路边荒地、田头地角、山脚草丛等多种生境中，尤以阳处为多。
观赏特性	观叶、观花。
入药部位	全草。
药　　效	广泛用于治疗妇科病。

112 夏枯草

Prunella vulgaris L.

科　　属	唇形科夏枯草属。
形态特征	多年生草木，高15~40 cm。茎常带紫红色，被稀疏的糙毛或近无毛。叶片卵状长圆形或卵形，先端钝，基部圆形、截形至宽楔形，下延至叶柄成狭翅。轮伞花序密集成顶生长2~4.5 cm的穗状花序，整体轮廓呈圆筒状，每一轮伞花序下承以苞片；苞片宽心形，先端锐尖或尾尖，背面和边缘有毛；花冠紫色、蓝紫色、红紫色。小坚果长圆状卵形，黄褐色。花期5—6月，果期6—8月。
分布生境	浙西南各地常见。生于荒坡、草地、溪边及路旁等湿润地上，海拔可达1 500 m。
观赏特性	观叶、观花。
入药部位	全草。
药　　效	清肝泻火、明目、散结消肿。

113 韩信草

Scutellaria indica L.

别　　名　印度黄芩。
科　　属　唇形科黄芩属。
形态特征　多年生草本。高10～40 cm，全株被白色柔毛。茎常带暗紫色。叶片卵圆形或肾圆形，先端圆钝，基部圆形、浅心形至心形，边缘有整齐圆锯齿，两面被毛，下面常带紫红色。花对生，排列成长3～8 cm的顶生总状花序，常偏向一侧；花冠蓝紫色、淡紫红色或紫白色，花冠筒前方基部膝曲，上唇先端微凹，下唇中裂片具深紫色斑点。小坚果卵形。花期4—5月，果期5—9月。
分布生境　产于浙西南各地。生于山坡疏林下、山脊灌草丛或谷地草丛，海拔可达1 500 m。
观赏特性　观叶、观花。
入药部位　全草。
药　　效　清热解毒、活血止血、散瘀消肿等。

114 绵毛鹿茸草

Monochasma savatieri Franch. ex Maxim.

别　　名　沙氏鹿茸草。

科　　属　玄参科鹿茸草属。

形态特征　多年生草本,高 15~23 cm,常有残留的隔年枯茎。全体因密被绵毛而呈灰白色,上部近花处混生腺毛。茎多数,丛生,基部老时木质化。叶交互对生或 3 叶轮生,下部者间距极短,密集,向上逐渐疏离,长圆状披针形至线状披针形。总状花序顶生;花少数,单生于叶腋;花萼管状,膜质,萼筒上有 9 条突起的粗肋;花冠淡紫色或近白色,唇靠近喉部具黄色斑块。蒴果长圆形。花果期 3—9 月。

分布生境　产于浙西南各地。生于向阳处山坡、岩石旁及松林下。

观赏特性　观叶、观茎、观花。

入药部位　全株。

药　　效　清热解毒等。

115 天目地黄

Rehmannia chingii H.L. Li

科　　属　玄参科地黄属。

形态特征　多年生草本，全体被多细胞长柔毛，高30～60 cm。基生叶多少呈莲座状，叶片椭圆形，边缘具不规则圆齿或粗锯齿；茎生叶与基生叶同形，向上渐小。花单生；花梗与花萼同被多细胞长柔毛及腺毛；花冠紫红色，稀白色，外面被多细胞长柔毛，上唇裂片长卵形，下唇裂片长椭圆形。蒴果卵形。种子多数，卵形至长卵形，具网眼。花期4—5月，果期5—6月。

分布生境　产于浙西南各地。生于山坡、路旁草丛或石缝中。

观赏特性　观叶、观花。

入药部位　全株。

药　　效　润燥生津、清热凉血等。

116 野菰

Aeginetia indica L.

科　属　列当科野菰属。

形态特征　一年生寄生草本，全体无毛。根稍肉质。茎黄褐色或紫红色，不分枝或近基部分枝。叶肉红色，卵状披针形或披针形。花常单生于茎端；花梗长而粗壮，常直立，常具紫红色的条纹；花萼一侧开裂至近基部，紫红色至黄白色，具紫红色条纹；花冠常与花萼同色，凋谢后变绿黑色，干时变为黑色，不明显的二唇形，筒部宽，顶端 5 浅裂。蒴果圆锥状或长卵球形，2 瓣裂。种子小而多数，椭圆形，黄色。花期 4—8 月，果期 8—10 月。

分布生境　产于浙西南各地。生于土层深厚、湿润及枯叶多的禾草类植物根上。

观赏特性　观花。

入药部位　全草。

药　效　清热解毒、消肿、妇科调经等。

117 旋蒴苣苔

Boea hygrometrica (Bunge) R. Br.

科　　属　苦苣苔科旋蒴苣苔属。

形态特征　多年生草本。叶基生，莲座状，无柄；叶片近圆形、卵圆形或卵形，上面被白色贴伏长柔毛，下面被白色或淡褐色贴伏长绒毛，顶端圆形，边缘具牙齿或波状浅齿。聚伞花序伞形，每花序具2~5花；花序梗和花梗被淡褐色短柔毛和腺状柔毛；苞片2，极小或不明显；花萼钟状，5裂至近基部；花冠淡蓝紫色，檐部稍二唇形，上唇2裂，下唇3裂。蒴果长圆形，外面被短柔毛，螺旋状卷曲。种子卵圆形。花期6—8月，果期9—10月。

分布生境　产于丽水（莲都、云和、景宁）、温州（文成、泰顺）。生于山坡路旁岩石上。

观赏特性　观叶、观花。

入药部位　全草。

药　　效　散瘀、止血、解毒等。

118 浙皖粗筒苣苔

Briggsia chienii Chun

科　　属　苦苣苔科粗筒苣苔属。

形态特征　多年生草本。叶基生，有柄；叶片椭圆状长圆形或狭椭圆形，边缘有锯齿，除两面密被灰白色贴伏短柔毛外，下面沿叶脉至叶柄密被锈色绵毛。聚伞花序2次分枝，每花序具1～5花；花序梗疏生锈色绵毛；苞片2，下面密被锈色绵毛；花萼常5裂至基部，外面密被锈色绵毛；花冠紫红色，外面疏生短柔毛，内面具紫色斑点，上唇2深裂，下唇3裂至中部。蒴果倒披针形。花果期9—10月。

分布生境　产于浙西南各地。生于潮湿岩石上及草丛中。

观赏特性　观叶、观花。

入药部位　全草。

药　　效　治疗皮肤炎症、麻疹、毒蛇咬伤等症。

119 降龙草

Hemiboea subcapitata C.B. Clarke

别　　名	半蒴苣苔。
科　　属	苦苣苔科半蒴苣苔属。
形态特征	多年生草本。茎肉质，散生紫褐色斑点。叶对生；叶片稍肉质，椭圆形、卵状披针形或倒卵状披针形，全缘或中部以上具浅钝齿，深绿色，背面无毛或沿脉疏生短柔毛，淡绿色或紫红色；叶柄基部有时联合成船形。聚伞花序腋生或假顶生，具3~10花；总苞球形，顶端具突尖，开裂后呈船形；萼片5；花冠白色或略带浅粉色，具紫斑，上唇2浅裂，下唇3浅裂。蒴果线状披针形。花期8—10月，果期9—12月。
分布生境	产于浙西南各丘陵、山地。生于山谷林下石上或沟边阴湿处。
观赏特性	观叶、观花。
入药部位	全草。
药　　效	清热解毒、利尿、止咳、生津等。

120 吊石苣苔

Lysionotus pauciflorus Maxim.

科　　属　苦苣苔科吊石苣苔属。

形态特征　附生的攀缘状小灌木。3叶轮生，有时对生或多叶轮生，具短柄或近无柄；叶片革质，形状变化大，线形、线状倒披针形、狭长圆形或倒卵状长圆形，边缘在中部以上或上部有少数牙齿或小齿，有时近全缘。花序具1~2（5）花；苞片披针状线形；花萼5裂至近基部，裂片狭三角形或线状三角形；花冠白色带淡紫色条纹或淡紫色带紫色条纹，花冠筒细漏斗状，上唇2浅裂，下唇3裂。蒴果线形。种子纺锤形。花期7—8月，果期9—10月。

分布生境　产于浙西南各地。生于丘陵或山地林中或阴湿处石崖上或树上。

观赏特性　观叶、观花。

入药部位　全草。

药　　效　益肾强筋、散瘀镇痛、舒筋活络等。

121 牛耳朵

Primulina eburnea (Hance) Yin Z. Wang

科　　属　苦苣苔科报春苣苔属。

形态特征　多年生草本。根状茎短缩。叶片纸质至肉质，卵状椭圆形或卵形，基部偏斜，边缘全缘或波状，先端钝或圆，两面具贴伏短毛；叶柄被短柔毛。聚伞花序1~4，腋生，具1~17花；花序梗密被短柔毛；苞片2，对生，外面具硬短毛；花梗密被短直腺毛；花萼5深裂至基部，线状披针形，密被短柔毛；花冠淡紫色或紫红色，有时白色；两面疏被短柔毛，檐部明显二唇形，上唇2中裂，下唇3中裂。蒴果线形，被短柔毛。花期6—7月，果期8—9月。

分布生境　产于衢州（市区、常山）、丽水（莲都、青田）、温州（泰顺）。生于山谷林中或溪边岩壁上。

观赏特性　观叶、观花。

入药部位　全草。

药　　效　清肺止咳等。

122 蚂蝗七

Primulina fimbrisepala (Hand.-Mazz.) Yin Z. Wang

科　　属	苦苣苔科报春苣苔属。
形态特征	多年生草本，具粗根状茎。叶基生；叶片两侧不对称，卵形、宽卵形或近圆形，基部斜宽楔形或截形，边缘有小或粗牙齿，上面密被短柔毛并散生长糙毛，下面疏被短柔毛。聚伞花序 1～12 条，具 2～5 花；花序梗和花梗被柔毛；苞片狭卵形至狭三角形；花萼 5 裂至基部，裂片披针状线形，边缘上部有小齿；花冠淡紫色或紫色，在内面上唇紫斑处有 2 纵条毛，花冠筒细漏斗状。蒴果线状圆柱形，被短柔毛。种子纺锤形。花期 3—5 月，果期 4—6 月。
分布生境	产于丽水（庆元）。生于山地林中石上或石崖上或山谷溪边。
观赏特性	观叶、观花。
入药部位	根状茎。
药　　效	健脾和中、清热除湿、消肿止痛等。

123 台闽苣苔

Titanotrichum oldhamii (Hemsl.) Soler.

科　　属　苦苣苔科台闽苣苔属。

形态特征　多年生草本。茎上部密被开展的褐色短柔毛。叶对生，同一对叶不等大，有时互生；狭椭圆形、椭圆形或狭卵形，边缘有齿，两面疏被短柔毛。能育花花序总状，顶生，轴和花梗均被开展的褐色短柔毛；苞片披针形；不育花的花序似穗状花序；花萼5裂达基部，宿存；花冠黄色，裂片有紫斑，花冠筒管状漏斗形，上唇2深裂，下唇3裂。蒴果褐色，卵球形。种子褐色。除正常发育的果实外，本种果序还具珠芽。花期8—9月，果期10—11月。

分布生境　产于丽水（莲都、云和、庆元、景宁）、温州（泰顺）。生于山谷阴湿处。

观赏特性　观叶、观花。

入药部位　全草。

药　　效　清热解毒、平肝止血。

124 白接骨

Asystasia neesiana (Wall.) Nees

科　　属　爵床科白接骨属（十万错属）。

形态特征　多年生草本。根状茎白色，富黏液。茎高达1m，略呈四棱形。叶片卵形至椭圆状长圆形，纸质，边缘微波状至具浅齿，基部下延成柄。总状花序或基部有分枝，顶生；花单生或对生；苞片2，微小；花萼裂片5，主花轴和花萼被有柄腺毛；花冠淡紫红色，漏斗状，外疏被腺毛，花冠筒细长。蒴果，上部具4种子，下部实心细长似柄。花期7—10月，果期8—11月。

分布生境　产于衢州（衢江、开化、常山）、丽水（遂昌、庆元）、温州（泰顺）。生于阴湿的山坡林下、溪边石缝间、路边草丛中及田畔。

观赏特性　观叶、观花。

入药部位　全草。

药　　效　清热解毒、活血止血、利尿等。

125 菜头肾

Strobilanthes sarcorrhiza (C. Ling) C.Z. Zheng ex Y.F. Deng et N.H. Xia

别　　名　肉根马蓝。

科　　属　爵床科马蓝属。

形态特征　多年生草本。根状茎粗短，根肉质增厚。茎高 20~40 cm，节稍膨大。叶对生，无柄或几无柄；叶片长圆状披针形，下面脉上被微毛，边缘具钝齿或呈微波状。花序短穗或半球形，顶生；苞片倒卵状椭圆形，宿存；花萼裂片 5，条状线形，苞片、小苞片和萼片均密被白色或淡褐色多节长柔毛；花冠淡紫色，漏斗形，花冠中部弯而下部极收缩。蒴果，具 4 种子。花期 7—10 月，果期 9—11 月。

分布生境　产于温州、丽水（景宁、缙云）。生于低山区林下或丘陵地带阴湿处。

观赏特性　观叶、观花。

入药部位　全草、根。

药　　效　具养阴清热、补肾等功效；温州民间著名的草药，为"七肾汤"的原料之一，治肾虚、腰痛等症。

被子植物 189

126 轮叶沙参
Adenophora tetraphylla (Thunb.) Fisch.

科　　属　桔梗科沙参属。

形态特征　多年生草本。根圆锥形，有横纹。茎直立，高可达 1 m，不分枝。茎生叶 3～6 轮生，叶片卵圆形至条状披针形，边缘有锯齿，两面疏生短柔毛；无柄或有不明显叶柄。花序狭圆锥状，分枝轮生；花下垂；花萼筒部倒圆锥状，5 裂；花冠筒状钟形，蓝色或蓝紫色。蒴果球状圆锥形或卵圆状圆锥形。种子黄棕色，长圆状圆锥形，具 1 棱，并由棱扩展成 1 条白带。花果期 7—10 月。

分布生境　产于衢州（开化）、丽水（缙云、遂昌、松阳、龙泉、庆元、景宁、青田）、温州（文成、泰顺）。生于海拔 300～1 600 m 的山坡路边、沟边草丛、灌丛或荒草地。

观赏特性　观叶、观花。

入药部位　根。

药　　效　清热养阴、润肺止咳等。

127 小花金钱豹

Campanumoea javanica Blume subsp. *japonica* (Makino) Hong

科　　属　桔梗科金钱豹属。

形态特征　多年生缠绕草本。根胡萝卜状。茎细长，圆柱形，具乳汁。叶对生或互生；叶片卵状心形，先端急尖，基部心形，边缘有浅钝锯齿；具长叶柄。花大，单生于叶腋；花萼，5深裂，裂片三角状披针形；花冠钟形，黄色或淡黄绿色，5裂至中部，裂片卵状三角形。浆果近球形，黑紫色。种子多数，卵球形。花果期8—9月。

分布生境　产于衢州（衢江）、丽水（遂昌、龙泉、庆元、景宁）、温州（文成、泰顺）。生于海拔600 m以下的林下路边、山坡杂草丛中或阴湿处。

观赏特性　观叶、观花、观果。

入药部位　根。

药　　效　具补虚益气、润肺生津等功效，可代党参用。

被子植物 193

128 羊乳

Codonopsis lanceolata (Siebold et Zucc.) Trautv.

科　　属　桔梗科党参属。

形态特征　多年生缠绕植物。根倒卵状纺锤形。茎光滑，无毛。叶在主茎上互生，叶片披针形或菱状狭卵形；在小枝顶端通常2～4叶簇生，叶片菱状卵形、狭卵形或椭圆形，通常全缘或有疏波状锯齿。花单生，或成对生于小枝的顶端；花萼贴生至子房中部；花冠宽钟状，长2～4 cm，黄绿色或乳白色，内有紫色斑，5浅裂。蒴果下部半球状，上部具喙，具宿萼。种子多数，卵球形，棕色，具翅。花果期9—10月。

分布生境　产于浙西南各地。生于海拔1 400 m以下的山坡路边、林下沟边、林缘灌丛中、荒地或草丛中。

观赏特性　观叶、观花、观果。

入药部位　根。

药　　效　催乳、益气等。

被子植物　195

129 半边莲

Lobelia chinensis Lour.

科　　属　桔梗科半边莲属。

形态特征　多年生矮小草本。茎细弱，常匍匐，节上常生根，分枝直立。叶互生；叶片长圆状披针形或条形，全缘或顶部有波状小齿。花单生于叶腋；花梗细，常超出叶外，基部通常具2小苞片；花萼筒倒长锥状，基部渐狭成柄5裂，裂片披针形，全缘或下部有1对小齿；花冠粉红色或白色，5裂。蒴果倒圆锥状。种子椭球形，稍扁压，近肉质。花果期4—5月。

分布生境　产于浙西南各地。生于海拔1500 m以下的湿地、水田、田埂边或路旁潮湿处。

观赏特性　观叶、观花。

入药部位　全草。

药　　效　清热解毒、利尿消肿等。

130 江南山梗菜
Lobelia davidii Franch.

科　　属　桔梗科半边莲属。

形态特征　多年生草本。主根粗壮。茎直立，高可达1.5 m，分枝或不分枝。叶螺旋状排列，下部的早落；茎生叶叶片卵状椭圆形至卵状披针形，边缘具不规则重锯齿，或波状而具细齿；叶柄长两侧有翅。总状花序顶生；苞片卵状披针形至披针形；花萼筒倒卵球状，被极短的柔毛，5裂；花冠紫红色或红紫色，上唇裂片条形，下唇裂片椭圆形或披针状椭圆形。蒴果近球形。种子椭圆球形，黄褐色。花果期9—10月。

分布生境　产于衢州（江山）、丽水（遂昌、龙泉、庆元、景宁）、温州（泰顺）。生于海拔250~800 m的山坡路边、田边草丛中或溪边林缘。

观赏特性　观叶、观花。

入药部位　根。

药　　效　治痈肿疮毒、胃寒痛等症。

131 桔梗
Platycodon grandiflorus (Jacq.) A. DC.

科　　属　桔梗科桔梗属。

形态特征　多年生草本，全体无毛。根圆柱形，肉质。茎直立，高 20~80 cm，不分枝。叶轮生，或部分轮生至互生；叶片卵形、卵状椭圆形至披针形，边缘具细锯齿；叶柄无或极短。花单一，顶生，或数朵排列成假总状花序，或有时花序分枝而呈圆锥花序；花萼筒部半圆球状或圆球状倒圆锥形，被白粉；花冠大，蓝色或紫色，裂片三角形。蒴果球形，或球状倒圆锥形。花果期 8—10 月。

分布生境　产于衢州（开化）、丽水（缙云、松阳、青田）。生于海拔 100~1 500 m 的路边、山坡上、林下或草丛中、灌丛中。

观赏特性　观叶、观花。

入药部位　根。

药　　效　宣肺、散寒、祛痰等。

132 铜锤玉带草

Pratia nummularia (Lam.) A. Braun. et Asch.

科　　属　　桔梗科铜锤玉带草属。

形态特征　多年生草本。茎匍匐，具白色乳汁，被开展的柔毛，不分枝或在基部分枝。叶互生；叶片圆卵形、心形或卵形，先端圆钝或急尖，基部歪心形，边缘具齿，两面疏生腺状短柔毛；叶柄被开展短柔毛。花单生于叶腋；花萼筒坛状，5裂；花冠紫红色、淡紫色、绿色或黄白色，二唇形，裂片5。浆果紫红色，椭圆状球形。种子多数，近圆球形。花果期6—10月。

分布生境　产于丽水（松阳、龙泉、庆元、景宁）、温州（瑞安、文成、泰顺）。生于海拔450～1 600 m 的山坡林缘、路边草丛中、田埂边、沟边岩石上。

观赏特性　观叶、观花、观果。

入药部位　全草。

药　　效　　治风湿、跌打损伤等。

133 细叶水团花
Adina rubella Hance

别　　名	水杨梅。
科　　属	茜草科水团花属。
形态特征	落叶灌木，高达 2 m。小枝红褐色，嫩枝密被短柔毛。叶片卵状椭圆形或宽卵状披针形，纸质，全缘，上面沿中脉被柔毛，下面沿脉被疏柔毛，叶柄极短。头状花序常单个顶生；花序梗密被微柔毛；萼筒长 1.5～2 mm，萼檐 5 裂，裂片匙形或匙状棒形；花冠淡紫红色，顶端 5 裂，裂片三角状卵形。蒴果长卵状楔形。种子长约 1.5 mm。花期 6—7 月，果期 8—10 月。
分布生境	产于衢州（衢江、开化、常山、江山）、丽水（莲都、遂昌、龙泉、庆元、景宁）、温州（文成、泰顺）。生于海拔 160～600 m 的溪边灌草丛中或山麓岩石边。
观赏特性	观叶、观花、观果。
入药部位	全株。
药　　效	清热解毒、散瘀止痛。

134 虎刺
Damnacanthus indicus C.F. Gaertn.

别　　名　绣花针。

科　　属　茜草科虎刺属。

形态特征　常绿小灌木，高可达1 m。根通常粗壮分枝，有时缢缩成念珠状。茎多分枝，小枝被糙硬毛，逐节生针状刺，对生于叶柄间。叶片卵形至宽卵形，先端急尖，基部圆形，略偏斜，全缘，干后反卷；叶柄短，密被柔毛。花单生或成对生于叶腋，花梗短；萼筒长1～1.5 mm；花冠白色，顶端4或5裂，裂片三角状卵形。核果成熟时红色，近球形，分核（1）2～4。花期4—5月，果期7月至次年1月。

分布生境　产于丽水（缙云、莲都、龙泉、庆元、景宁）、温州（文成、泰顺）。生于海拔300～780 m的林下、溪边草丛中或山坡路边。

观赏特性　观叶、观果。

入药部位　根。

药　　效　清热利湿、舒筋活血、祛风止痛等。

135 栀子

Gardenia jasminoides J. Ellis

别　　名　山栀子。

科　　属　茜草科栀子属。

形态特征　常绿直立灌木，高通常 1 m 以上。小枝绿色，密被垢状毛。叶对生或 3 叶轮生；叶片倒卵状椭圆形至倒卵状长椭圆形，先端渐尖至急尖，基部楔形，全缘；叶柄近无至长 4 mm；托叶鞘状。花单生于小枝顶端，稀生于叶腋，芳香；花萼长 2～3.5 cm，顶端 5～7 裂，萼筒倒圆锥形；花冠白色，高脚碟状，顶端 5 至多裂。浆果常卵形，橙黄色至橙红色，有 5～8 纵棱。花期 5—7 月，果期 8—11 月。

分布生境　产于浙西南各地。生于海拔 900 m 以下的山谷溪边、路旁林下灌丛中或岩石上。

观赏特性　观叶、观花、观果。

入药部位　根、叶、果实。

药　　效　泻火除烦、清热利湿、凉血解毒。

136 玉叶金花

Mussaenda pubescens Dryand.

别　　名　白纸扇。
科　　属　茜草科玉叶金花属。
形态特征　落叶缠绕藤本。小枝密被棕褐色平伏柔毛。叶对生有时近轮生；叶片卵状长圆形或卵状椭圆形，全缘，上面疏被柔毛，沿脉较密，下面密被短柔毛；叶柄密被灰褐色柔毛；托叶三角形，2深裂。伞房状聚伞花序稠密；花无梗或具短梗；花萼筒陀螺形，外面被柔毛；花冠黄色，花冠筒长约2 cm，外面密被平伏的短柔毛。浆果近椭圆球形，被疏柔毛，顶端具环纹。花期6—7月，果期8—11月。
分布生境　产于丽水（龙泉、庆元、景宁）、温州（文成、泰顺）。生于海拔250～600 m的山坡路边、林缘。
观赏特性　观叶、观萼片、观花、观果。
入药部位　枝、叶。
药　　效　清热解暑、利湿解毒。

137 大叶白纸扇
Mussaenda shikokiana Makino

科　　属	茜草科玉叶金花属。
形态特征	落叶直立或攀缘灌木，高1～3 m。小枝被黄褐色短柔毛。叶对生；叶片宽卵形或宽椭圆形，全缘，两面疏被柔毛，沿脉较密，中脉在上面稍隆起，下面明显隆起；叶柄长1～3.5 cm，被短柔毛；托叶卵状披针形，先端通常2裂。伞房状聚伞花序疏散，密被柔毛；萼筒陀螺形，外面密被柔毛；花冠黄色，外面密被平伏长柔毛；裂片卵形，内面有金黄色绒毛。浆果近球形，顶端具环纹。花期6—7月，果期8—10月。
分布生境	产于浙西南各地。生于海拔110～750 m的溪边林下、山坡上或溪边灌丛中。
观赏特性	观叶、观萼片、观花、观果。
入药部位	全株。
药　　效	清热解毒、散瘀止痛。

138 日本蛇根草
Ophiorrhiza japonica Blume

别　　名	蛇根草。
科　　属	茜草科蛇根草属。
形态特征	多年生草本。茎直立或基部伏卧，高可达 40 cm，褐色，密被锈色曲柔毛，幼枝具棱。叶片膜质或薄纸质，卵形、卵状椭圆形或椭圆形，先端急尖或稍钝，基部楔形、宽楔形至圆形，全缘；叶柄密被曲柔毛。聚伞花序顶生，二歧分枝，密被短柔毛，具7～20花；小苞片条形，疏被柔毛；萼筒宽陀螺状球形，外面密被短柔毛；花冠白色，漏斗状，裂片三角状卵形，内面密被短柔毛。蒴果菱形。花期11月至次年5月，果期4—6月。
分布生境	产于浙西南各地。生于海拔 150～1 300 m 的山坡溪边、林下路边、岩石上。
观赏特性	观叶、观花。
入药部位	全草。
药　　效	祛痰止咳、活血调经，治咳嗽、筋骨疼痛、扭挫伤等。

139 白马骨
Serissa serissoides (DC.) Druce

别　　名　山地六月雪。
科　　属　茜草科六月雪属。
形态特征　小灌木，多分枝，高 30~100 cm。小枝灰白色，幼枝被短柔毛。叶片通常卵形或长圆状卵形，先端急尖，具短尖头，基部楔形至长楔形，全缘；叶柄极短；托叶膜质。花数朵簇生，无梗；萼檐 4~6 裂，裂片钻状披针形，边缘有缘毛；花冠白色，漏斗状，顶端 4~6 裂。核果小，干燥。花期 7—8 月，果期 10 月。
分布生境　产于衢州（衢江、开化、常山）、丽水（缙云、莲都、遂昌、龙泉、庆元）。生于海拔约 500 m 的山谷中、农田田埂边、林下路边。
观赏特性　观叶、观花。
入药部位　全株。
药　　效　平肝利湿、健脾止泻。

被子植物 207

140 忍冬

Lonicera japonica Thunb.

- **别　　名**　金银花。
- **科　　属**　忍冬科忍冬属。
- **形态特征**　半常绿木质藤本。幼枝密被黄褐色开展糙毛及腺毛。叶片纸质，卵形至长圆状卵形，先端短尖至渐尖，稀圆钝或微凹，基部圆或近心形，两面均密被短柔毛；叶柄被毛。花成对腋生于枝端，花序梗密被短柔毛和腺毛；苞片叶状，卵形至椭圆形，常被毛；萼筒无毛，萼齿被毛；花冠白色，后变黄色，唇形，外面被倒生糙毛和腺毛。果实球形，熟时蓝黑色。花期4—6月，果期10—11月。
- **分布生境**　产于浙西南各地。多生于海拔500 m以下的山坡灌丛中、疏林中、乱石堆上、山麓路旁及村庄墙垣上。
- **观赏特性**　观叶、观花、观果。
- **入药部位**　花、茎、叶。
- **药　　效**　清热解毒、消炎退肿。

被子植物 209

141 水马桑

Weigela japonica Thunb. var. *sinica* (Rehder) Bailey

别　　名　半边月。

科　　属　忍冬科锦带花属。

形态特征　落叶灌木。幼枝通常贴生柔毛。叶片长卵形至卵状椭圆形，稀倒卵形，先端渐尖，基部宽楔形至圆形，边缘具细锯齿，上面疏被短伏毛，脉上毛较密，下面密被伏贴的短柔毛；叶柄被柔毛。聚伞花序具1~3花；萼筒伏贴短毛，萼檐裂片完全分离，条状披针形，被柔毛；花冠白色或淡红色，后变红色，漏斗状钟形，外面疏被微毛，中部以下急收缩成狭筒形。蒴果狭长。花期4—5月，果期8—9月。

分布生境　产于丽水、温州、衢州（开化、江山）。生于海拔200~1 200 m的沟谷溪边、山坡林下、山顶灌丛中。

观赏特性　观叶、观花。

入药部位　根。

药　　效　益气、健脾，用于治疗消化不良。

被子植物 211

142 蓟

Cirsium japonicum DC.

别　　名　大蓟、日本蓟。
科　　属　菊科蓟属。
形态特征　多年生草本。块根纺锤形。茎直立，高30～60 cm，分枝或上部分枝，密被多节毛。基生叶花时存在，叶片卵形至长椭圆形，羽状深裂至全裂，边缘具不等锯齿，齿端具针刺；茎中部叶片长圆形，羽状深裂，齿端具针刺，基部抱茎；上部叶片渐小。头状花序少数至多数排列呈伞房状，顶生或腋生；总苞钟形；总苞片多层，外层向内层渐变长，顶端具针刺。小花两性；花冠紫红色或紫色，管状。果稍压扁，倒长卵球形。花果期5—8月。
分布生境　产于浙西南各地。生于路边草丛中、田边荒地上。
观赏特性　观叶、观花。
入药部位　全草、根。
药　　效　具清热解毒、消炎止血及恢复肝功能、促进肝细胞再生等功效。

143 大头橐吾

Ligularia japonica (Thunb.) Less.

科　　属	菊科橐吾属。
形态特征	多年生草本。茎直立，高达100 cm，被蛛丝状毛或光滑。丛生叶与茎下部叶具长柄，基部鞘状抱茎；叶片轮廓肾形，掌状3~5全裂，裂片再掌状浅裂；茎中上部叶较小，具短柄，鞘状抱茎。头状花序2~8，排列呈伞房状花序，梗长达20 cm，密被短柔毛；总苞半球形；总苞片9~12。缘花舌状，黄色，1层，雌性，结实；盘花管状，多数，两性，结实。果圆柱形，具纵肋。花果期6—8月。
分布生境	产于丽水、温州（文成、泰顺）等地。生于海拔1 800 m以下的山坡草丛、灌丛中、沟谷林下。
观赏特性	观叶、观花。
入药部位	根、全草。
药　　效	舒筋活血、解毒消肿等。

144 山姜
Alpinia japonica (Thunb.) Miq.

别　　名　福建土砂仁。
科　　属　姜科山姜属。
形态特征　植株高约 1 m。叶片披针形或卵状披针形，顶端渐尖，基部渐狭；叶舌膜质，具缘毛。圆锥花序狭，分枝短；小苞片花时脱落；花白色；花萼管状，顶端具 3 齿；花冠裂片长圆形，后方的 1 裂片稍较大，兜状；唇瓣卵形，顶端微凹。果球形，红色。花期 5—7 月，果期 6—12 月。
分布生境　产于衢州（市区、开化、江山）、丽水（龙泉、庆元、云和、景宁）、温州（文成、泰顺）。生于海拔 800 m 以下的林下阴湿地、山谷溪旁草丛或灌丛中。
观赏特性　观叶、观花、观果。
入药部位　根状茎。
药　　效　治脘腹冷痛、泄泻、食滞腹胀、风湿痹痛、四肢麻木、跌打瘀滞、月经不调。

145 老鸦瓣

Amana edulis (Miq.) Honda

科　　属	百合科老鸦瓣属。

形态特征　鳞茎椭球形，直径1.5~2 cm；鳞茎皮纸质，黑褐色，内面密被黄褐色长柔毛。茎细弱，有时有分枝。叶片长条形，等宽。苞片2，对生，稀为3轮生，长条形或宽长条形；花白色；花被片长圆状披针形，背面有紫红色的纵条纹；雄蕊3长3短，花丝中部稍扩大。蒴果近圆球形，直径约1.2 cm，具长喙。花期3—4月，果期4—5月。

分布生境　产于浙西南各地。生于山坡草地及路边草丛中。

观赏特性　观叶、观花。

入药部位　茎。

药　　效　鳞茎可入药。

146 绵枣儿

Barnardia japonica (Thunb.) Schult. et Schult. f.

科　　属　百合科绵枣儿属。

形态特征　鳞茎卵形或近圆球形，直径 1～2.5 cm；鳞茎皮黑褐色或褐色。叶通常 2，叶片倒披针形。花葶常于叶枯萎后生出，通常 1，稀 2，高 15～40 cm。苞片膜质，狭披针形；花小，紫红色、淡红色至白色；花被片基部稍合生，倒卵状披针形；雄蕊着生于花被片基部。蒴果倒卵球形。种子 1～3，长圆状狭倒卵球形。花果期 9—10 月。

分布生境　产于浙西南各地。生于山坡草地中、林缘及路旁。

观赏特性　观叶、观花。

入药部位　鳞茎、全草。

药　　效　活血解毒、消肿止痛。

147 云南大百合

Cardiocrinum giganteum (Wall.) Makino var. *yunnanense* (Leichtlin ex Elwes) Stearn

科　　属　百合科大百合属。

形态特征　小鳞茎卵球形，高 3.5～4 cm，直径 1.2～2 cm，干时淡褐色。茎深绿色，直立，中空，高 1～2 m。叶纸质，网状脉；基生叶卵状心形或近宽矩圆状心形，茎生叶卵状心形。总状花序具 10～16 花；苞片早落；花狭喇叭形，白色，里面具紫红色条纹；花被片条状倒披针形。蒴果近球形，顶端有 1 小尖突。种子呈扁钝三角形，红棕色。花期 6—7 月，果期 9—10 月。

分布生境　产于衢州（衢江）、丽水（遂昌、龙泉、庆元、云和、景宁）、温州（泰顺）。生于林下草丛中。

观赏特性　观叶、观花、观果。

入药部位　果实。

药　　效　用于治咳喘症。

被子植物 221

148 少花万寿竹
Disporum uniflorum Baker

科　　属	百合科万寿竹属。
形态特征	多年生草本。根状茎肉质，有长 1~5 cm、直径 3~6 mm 的匍匐茎。茎高 20~80 cm，上部分枝或不分枝，下部各节有膜质鞘。叶片薄纸质至纸质，宽椭圆形至长卵形。伞形花序具 1~3（5）花，着生于茎和分枝的顶端。花黄色或黄绿色，近筒状，多少俯垂；花被片近直出，倒卵状披针形。浆果近球形，成熟时呈蓝黑色。种子 3，淡棕色。花期 4—5 月，果期 7—10 月。
分布生境	浙西南各地常见。生于山坡林下或灌丛中。
观赏特性	观叶、观花、观果。
入药部位	根状茎、根。
药　　效	益气补肾、润肺止咳。

被子植物 223

149 萱草

Hemerocallis fulva (L.) L.

科　　属　百合科萱草属。

形态特征　多年生草本。根多数，稍肉质。根状茎极短，不明显。叶基生，二列；叶片宽长条形至条状披针形。花葶高可达 1.2 m，其上具少数无花的苞片；圆锥花序近二歧蜗壳状；花大型，橘红色至橘黄色，无香气，近漏斗状；花被片下合生成长 2~3 cm 的花被筒；雄蕊着生于花被筒的上部，伸出筒口，花丝细长。蒴果长圆形，具 3 钝棱。种子黑色，有棱角。花期 6—8 月。

分布生境　产于浙西南各地。生于山坡林下或沟边阴湿处；也常见栽培。

观赏特性　观叶、观花。

入药部位　根、叶。

药　　效　镇静安眠、抗抑郁、抗氧化、保肝、抗炎、抗肿瘤、抑菌杀虫等。

150 野百合
Lilium brownii F. E. Br. ex Miellez

科　　属	百合科百合属。
形态特征	多年生草本。鳞茎近圆球形，直径 2~4.5 cm；鳞片披针形。茎高 70~200 cm，带紫色。叶互生，叶片线状披针形至披针形。花单生或数朵排成顶生近伞房状花序；叶状苞片披针形；花乳白色，喇叭形，稍下垂；花梗长 3~10 cm，中部有 1 小苞片；花被片倒卵状披针形，背面稍带紫色，内面无斑点，上部张开或先端外弯但不反卷。蒴果长圆形，长 4.5~6 cm。花期 5—6 月，果期 7—9 月。
分布生境	产于浙西南各地。生于山坡林缘、路边、溪旁。
观赏特性	观叶、观花。
入药部位	鳞茎。
药　　效	清热解毒、消肿止痛、破血除瘀等。

被子植物 227

151 卷丹

Lilium lancifolium Thunb.

科　　属　百合科百合属。

形态特征　多年生草本。鳞茎扁球形，直径 4~8 cm；鳞片宽卵形。茎高 80~150 cm，带紫色，被白色绵毛。叶互生，叶腋常有珠芽；叶片长圆状披针形至卵状披针形，有时下部的条状披针形。总状花序具 3~10 花；叶状苞片卵状披针形，先端明显加厚。花橘红色，下垂；花梗长 4~9 cm，中部具 1 小苞片；花被片披针形，内面散生紫黑色斑点，中部以上反卷。蒴果狭长卵形，长 3~4 cm。花期 7—8 月，果期 9—10 月。

分布生境　产于浙西南各地。通常生于海拔 1 100 m 以下的阴湿沟谷、山坡林下或溪流沿岸。

观赏特性　观叶、观花。

入药部位　鳞茎、花。

药　　效　润肺止咳、清心安神，治肺结核、咳嗽等症。

152 药百合

Lilium speciosum Thunb. var. *gloriosoides* Baker

科　属　百合科百合属。

形态特征　多年生草本。鳞茎近扁球形，直径约 5 cm；鳞片宽披针形。茎高 60~120 cm，圆而坚硬。叶互生，叶片宽披针形至卵状披针形，向上渐变小呈苞片状，基部圆钝。花单生，或 2~5 花排成顶生总状花序或近伞房状花序；叶状苞片卵形。花白色，下垂；花梗长可达 10 cm，中上部具 1 小苞片；花被片宽披针形，内面下部散生紫红色斑点，中部以上反卷。蒴果近圆球形，直径约 3 cm。花期 7—8 月，果期 9—10 月。

分布生境　产于衢州（开化、常山、江山）、丽水（缙云、松阳、遂昌）等地。生于山坡灌丛草地中。

观赏特性　观叶、观花。

入药部位　鳞茎。

药　效　润肺止咳、清心安神等。

153 石蒜

Lycoris radiata (L'Hér.) Herb.

别　　名　蟑螂花三十六桶、彼岸花。

科　　属　百合科石蒜属。

形态特征　多年生草本。鳞茎宽椭圆形或近圆球形，直径1~3.5 cm，鳞茎皮紫褐色。叶秋季抽出，至次年夏季枯死，叶片狭带状，先端钝，深绿色。花茎高约30 cm；伞形花序具4~7花；总苞片2，干膜质，棕褐色，披针形；花鲜红色；花被筒绿色，花被裂片狭倒披针形，强度皱缩并向外卷曲；雄蕊显著伸出花被外，比花被长1倍左右。花期8—10月，果期10—11月。

分布生境　产于衢州（开化、常山、江山）、丽水（缙云、松阳、遂昌）等。生于山坡灌丛草地上。

观赏特性　观叶、观花。

入药部位　鳞茎。

药　　效　治咽喉肿痛、痈肿疮毒、瘰疬、肾炎水肿、毒蛇咬伤。

154 华重楼

Paris polyphylla Sm. var. *chinensis* (Franch.) H. Hara

别　　名　七叶一枝花。

科　　属　百合科重楼属。

形态特征　多年生草本。植株高100～150 cm。根状茎粗壮，稍扁，密生环节。叶通常5～10枚轮生于茎顶；叶片长圆形、倒卵状长圆形或倒卵状椭圆形，先端渐尖，基部圆钝或宽楔形。花单生于茎顶，花被片2轮，每轮4～7，外轮叶状，绿色，内轮条形，黄色，远短于外轮；花药远长于花丝。子房暗红色，具棱；花柱4～7裂。蒴果近圆形，具棱，熟时开裂。种子具红色肉质的外种皮。花期4—5月，果期8—10月。

分布生境　产于浙西南各地。生于阴湿山坡上、沟谷石缝中及林缘，也常见栽培。

观赏特性　观叶、观花、观果。

入药部位　根状茎。

药　　效　具清热解毒、消肿止疼、息风定惊、平喘止咳等作用，特别对蛇虫咬伤、疔疮痈肿疗效显著。

155 狭叶重楼

Paris polyphylla Sm. var. *stenophylla* Franch.

科　　属　百合科重楼属。

形态特征　多年生草本。根状茎粗壮，稍扁，密生环节。叶通常 8～14 轮生于茎顶；叶片条状披针形、披针形、倒披针形或倒卵状披针形，几无柄或具极短的柄。花单生于茎顶，花被片 2 轮，每轮 4～7，外轮叶状绿色，内轮线形，远长于外轮花被片。果近圆形，熟时开裂。种子具红色肉质的外种皮。花期 4—5 月，果期 8—10 月。

分布生境　产于浙西南各地。生于山坡林下阴湿处或沟边草丛中。

观赏特性　观叶、观花、观果。

入药部位　鳞茎。

药　　效　清热解毒、活血散瘀、平喘止咳、接骨等。

被子植物 235

156 多花黄精
Polygonatum cyrtonema Hua

科　　属　百合科黄精属。

形态特征　多年生草本。根状茎连珠状，稀结节状，直径 10～25 mm。茎弯拱，高 50～100 cm。叶互生；叶片椭圆形至长圆状披针形，先端急尖至渐尖，平直，基部圆钝。伞形花序通常具 2～7 花，下弯；苞片长条形，早落。花绿白色，近圆筒形；花被筒基部收缩成短柄状。浆果直径约 1 cm，成熟时呈黑色。种子 3～14。花期 5—6 月，果期 8—10 月。

分布生境　产于衢州（开化）、丽水（缙云、遂昌、龙泉、庆元、景宁）、温州（泰顺）。生于山坡林下阴湿处或沟边草丛中。

观赏特性　观叶、观花、观果。

入药部位　根状茎。

药　　效　养阴润肺、宽中益气、滋肾填精。

被子植物 237

157 绿花油点草
Tricyrtis viridula Hiroshi Takahashi

科　　属　百合科油点草属。

形态特征　多年生草本。根状茎短，具匍匐茎。茎单一，直立，几不回折，高 40~100 cm。叶片狭椭圆形、卵形至倒卵形，主脉上有刚毛，基部抱茎。聚伞花序顶生兼腋生；花序梗至花梗均被短糙毛和长腺毛；花序梗长 3~10 cm；花被片绿白色或淡黄色，内面具散生的紫红色斑点和位于基部的橘黄色斑块。蒴果三棱形，无毛。种子黑紫色。花果期 6—10 月。

分布生境　产于丽水（龙泉、庆元）。生于海拔 1 000~1 800 m 的林下或林缘。

观赏特性　观叶、观花。

入药部位　根状茎。

药　　效　治疗咳嗽、虚劳、食积等。

158 紫萼

Hosta ventricosa (Salisb.) Stern

科　　属　龙舌兰科玉簪属。

形态特征　多年生草本。根状茎粗短。叶基生；叶片卵状心形、卵圆形或卵形，先端近短尾状或骤尖，基部心形、圆形或近截形；叶柄长 6～25 cm。花葶高 30～60 cm，具 1 或 2 无花的苞片；总状花序具 10～30 花；苞片膜质，白色，长圆状披针形；花淡紫色，无香味，单生于苞片内；花被裂片长椭圆形。蒴果近圆柱状，具 3 棱。花期 8—10 月。

分布生境　产于浙西南各地。生于山坡林下、草丛中或石壁湿处。

观赏特性　观叶、观花。

入药部位　根。

药　　效　凉血止血、解毒等。

被子植物 241

159 百部

Stemona japonica (Bl.) Miq.

别　　名　蔓生百部。
科　　属　百部科百部属。
形态特征　块根肉质、成簇，常长圆状纺锤形。茎下部直立，上部攀缘状。叶2～4轮生；叶片卵形、卵状披针形或卵状长圆形，主脉通常5条；叶柄细，长1～4 cm。花序梗贴生于叶片中脉上，花单生或聚伞状花序；苞片条状披针形；花被片淡绿色，披针形，开放后反卷；雄蕊紫红色。蒴果卵球形，赤褐色，顶端锐尖，常具2种子。种子椭圆形，稍扁平，深紫褐色。花期5—7月，果期7—10月。
分布生境　产于浙西南各地。生于山坡草丛中、路旁和林下。
观赏特性　观叶、观花。
入药部位　块根。
药　　效　润肺止咳、抗痨杀虫。

被子植物 243

160 白及

Bletilla striata Rchb. f.

别　　名　白芨。
科　　属　兰科白及属。
形态特征　植株高30～80 cm，具明显粗壮的茎。叶4或5；叶片狭长椭圆形或披针形，基部渐窄下延成长鞘状抱茎，叶面具多条平行纵褶。总状花序顶生，具4～10花；苞片长椭圆状披针形，开花时凋落；花较大，直径约4 cm，紫红色或玫瑰红色；萼片离生，与花瓣几相似；唇瓣倒卵形，白色带红色，具紫色脉纹，中部以上3裂；蕊柱两侧具翅；具细长的蕊喙。花期5—6月，果期7—9月。
分布生境　产于丽水、温州、衢州（衢江、开化）等地。生于沟谷山坡草丛中、沟谷边滩地上。
观赏特性　观叶、观花。
入药部位　根。
药　　效　收敛止血、消肿生肌。

161 细叶石仙桃

Pholidota cantonensis Rolfe

科　　属　兰科石仙桃属。

形态特征　根状茎长而匍匐，被鳞片。假鳞茎疏生于根状茎上，卵球形至卵状长圆球形，顶端具2叶。叶片革质，条状披针形，先端钝或短尖，基部收狭为短柄，叶脉明显。花葶着生于幼假鳞茎顶端；总状花序具10余朵二列排列的花；苞片卵状长圆形，开花时脱落；花小，白色或淡黄色；萼片近相似，椭圆状长圆形，离生，具1脉，侧萼片背面具狭脊；花瓣卵状长圆形，与萼片等长，但较宽；唇瓣兜状。蒴果椭圆形。花期3—4月，果期8月。

分布生境　产于丽水、温州、衢州（开化）。附生于沟谷或林下石壁上。

观赏特性　观叶、观花。

入药部位　全草。

药　　效　滋阴润肺、清热凉血。

162 台湾独蒜兰
Pleione formosana Hayata

科　　属	兰科独蒜兰属。
形态特征	半附生或附生草本。假鳞茎卵球形，绿色或暗紫色，顶端具 1 叶。叶在花期尚幼嫩，长成后叶片椭圆形或倒披针形。花葶从无叶的老假鳞茎基部发出，直立，长 7～16 cm，顶端通常具 1 花，偶见 2 花；苞片条状披针形；花粉红色，稀白色；唇瓣色泽常略浅于花瓣，上面具有黄色、红色或褐色斑；花瓣条状倒披针形；唇瓣宽卵状椭圆形至近圆形，不明显 3 裂，先端微缺，上部边缘撕裂状。蒴果纺锤状，黑褐色。花期 4—5 月，果期 7 月。
分布生境	产于浙西南各地。生于海拔 400～1 500 m 的林下或林缘腐殖质丰富的岩石上。
观赏特性	观花。
入药部位	假鳞茎。
药　　效	清热解毒、消肿散结等。

浙西南常见药用观赏植物名录

序号	植物名称	拉丁名	科名	属名	观赏特性	入药部位	药效
1	长柄石杉	*Huperzia javanica* (Sw.) Chun-yu Yang	石杉科	石杉属	观叶	全草	散瘀消肿、止血生肌、消炎解毒、麻醉镇痛及灭虱
2	福建观音座莲	*Angiopteris fokiensis* Hieron.	观音座莲科	观音座莲属	观叶	根状茎	疏风祛瘀、清热解毒、凉血止血、安神
3	金毛狗	*Cibotium barometz* (L.) J. Sm.	蚌壳蕨科	金毛狗属	观叶	全草	补肝肾、强筋骨、强腰膝、祛风湿等
4	南方红豆杉	*Taxus mairei* (Lemée et H. Lév.) S.Y. Hu	红豆杉科	红豆杉属	观叶、观假种皮	种子、树皮	消积食、抗癌
5	白豆杉	*Pseudotaxus chienii* (Cheng) Cheng	红豆杉科	白豆杉属	观叶、观假种皮	枝、叶、皮	可用于提取抗癌药物紫杉醇
6	厚朴	*Magnolia officinalis* Rehder et E.H. Wilson	木兰科	厚朴属	观叶、观花、观果	树皮、花、种子	化食消痰、驱风镇痛、明目益气等
7	乳源木莲	*Manglietia yuyuanensis* Y.W. Law	木兰科	木莲属	观叶、观花、观果	果、树皮	用于便秘、干咳等症
8	柳叶蜡梅	*Chimonanthus salicifolius* S.Y. Hu	蜡梅科	蜡梅属	观叶、观花	叶	主治感冒、油腻食积、胸腹胀满等
9	山鸡椒	*Litsea cubeba* (Lour.) Pers.	樟科	木姜子属	观叶、观花、观果	根、果	可治支气管哮喘、中暑、胃痛、跌打损伤等
10	丝穗金粟兰	*Chloranthus fortunei* (A. Gray) Solms-Laubach	金粟兰科	金粟兰属	观叶、观花	全株	镇痛、活血散瘀等
11	宽叶金粟兰	*Chloranthus henryi* Hemsl.	金粟兰科	金粟兰属	观叶、观花	全草	活血散瘀、祛风利湿、杀虫止痛等
12	草珊瑚	*Sarcandra glabra* (Thunb.) Nakai	金粟兰科	草珊瑚属	观叶、观花、观果	全株	清热解毒、祛风活血、抗菌消炎、接骨止痛等
13	蕺菜	*Houttuynia cordata* Thunb.	三白草科	蕺菜属	观叶、观花	全草	清热解毒、利尿消肿等
14	三白草	*Saururus chinensis* (Lour.) Baill.	三白草科	三白草属	观叶、观花	全草	清热解毒、利尿消肿等

续表

序号	植物名称	拉丁名	科名	属名	观赏特性	入药部位	药效
15	石蝉草	*Peperomia blanda* (Jacq.) Kunth	胡椒科	草胡椒属	观叶、观花	全草	散瘀消肿、止血等
16	山蒟	*Piper hancei* Maxim.	胡椒科	胡椒属	观叶、观花、观果	茎、叶	祛风湿、通经络、解暑、止痛等
17	管花马兜铃	*Aristolochia tubiflora* Dunn	马兜铃科	马兜铃属	观叶、观花、观果	根、果实	清肺热、止咳、平喘等
18	尾花细辛	*Asarum caudigerum* Hance	马兜铃科	细辛属	观叶、观花	全草	祛寒止咳等
19	福建细辛	*Asarum fukienense* C.Y. Cheng et C.S. Yang	马兜铃科	细辛属	观叶、观花	全草	祛寒止咳等
20	披针叶茴香	*Illicium lanceolatum* A.C. Smith	八角科	八角属	观叶、观花、观果	根、根皮	祛风除湿、散瘀止痛
21	南五味子	*Kadsura japonica* (L.) Dunal.	五味子科	南五味子属	观叶、观花、观果	根、茎、果、种子	根、茎有祛风活血、理气止痛等功效，果有收敛滋补、生津、止泻等功效，种子为滋补强壮剂和镇咳药
22	华中五味子	*Schisandra sphenanthera* Rehder et E.H. Wilson	五味子科	五味子属	观叶、观花、观果	果	收敛固涩、益气生津、补肾宁心
23	乌头	*Aconitum carmichaelii* Debeaux	毛茛科	乌头属	观叶、观花	块根	主根称"乌头"，可用作镇痛剂
24	秋牡丹	*Anemone hupehensis* (Lemoine) Lemoine var. *japonica* (Thunb.) Bowles et Stearn	毛茛科	银莲花属	观叶、观花	根	清热解毒、截疟、杀虫等
25	驴蹄草	*Caltha palustris* L.	毛茛科	驴蹄草属	观叶、观花	全草	祛风散寒、解暑、消肿等
26	单叶铁线莲	*Clematis henryi* Oliv.	毛茛科	铁线莲属	观叶、观花、观果	根	祛痰镇咳、解痉止痛、解毒等
27	柱果铁线莲	*Clematis uncinata* Champ. ex Benth.	毛茛科	铁线莲属	观叶、观花、观果	根	祛风除湿、舒筋活络、镇痛等
28	短萼黄连	*Coptis chinensis* Franch. var. *brevisepala* W.T. Wang et Hsiao	毛茛科	黄连属	观叶、观花、观果	全草	泻火、祛燥湿、解毒等
29	蕨叶人字果	*Dichocarpum dalzielii* (J. R. Drumm. et Hutch.) W.T. Wang et Hsiao	毛茛科	人字果属	观叶、观花	根	用于红肿疮毒等症
30	天葵	*Semiaquilegia adoxoides* (DC.) Makino	毛茛科	天葵属	观叶、观花	块根	清热解毒、利尿、散结等

续表

序号	植物名称	拉丁名	科名	属名	观赏特性	入药部位	药效
31	大叶唐松草	*Thalictrum faberi* Ulbr.	毛茛科	唐松草属	观叶、观花	根	清热解毒、利湿等
32	华东唐松草	*Thalictrum fortunei* S. Moore	毛茛科	唐松草属	观叶、观花	全草、根	根用来代替黄连，具清热、解毒消肿等功效
33	六角莲	*Dysosma pleiantha* Woodson	小檗科	八角莲属	观叶、观花、观果	根状茎	祛瘀解毒等
34	八角莲	*Dysosma versipellis* (Hance) M. Cheng ex T.S. Ying.	小檗科	八角莲属	观叶、观花、观果	根状茎	活血化瘀、解蛇毒等
35	黔岭淫羊藿	*Epimedium leptorrhizum* Stearn.	小檗科	淫羊藿属	观叶、观花	全草	补清强壮、祛风湿等
36	箭叶淫羊藿	*Epimedium sagittatum* (Siebold et Zucc.) Maxim.	小檗科	淫羊藿属	观叶、观花	全草	补清强壮、祛风湿等
37	阔叶十大功劳	*Mahonia bealei* (Fort.) Carr.	小檗科	十大功劳属	观叶、观花、观果	全株	清热解毒、利湿泻火等
38	小果十大功劳	*Mahonia bodinieri* Gagnep	小檗科	十大功劳属	观叶、观花、观果	全株	清热解毒、活血消肿等
39	大血藤	*Sargentodoxa cuneata* (Oliv.) Rehder et E.H. Wilson	大血藤科	大血藤属	观叶、观花、观果	根、茎	通经活络、散瘀止痛、理气行血、杀虫等
40	木通	*Akebia quinata* (Houtt.) Decne.	木通科	木通属	观叶、观花、观果	果实、根、藤	果实有疏肝补肾、理气止痛等功效，根、藤有清热利尿、通经活络等功效
41	猫儿屎	*Decaisnea insignis* (Griff.) Hook. f. et Thoms.	木通科	猫儿屎属	观叶、观花、观果	根、果	清热解毒
42	鹰爪枫	*Holboellia coriacea* Diels	木通科	鹰爪枫属	观叶、观花、观果	根、茎皮	民间用于治关节炎及风湿痹痛
43	细圆藤	*Pericampylus glaucus* (Lam.) Merr.	防己科	细圆藤属	观叶、观果	根	民间用于治疗小儿惊风等症
44	金线吊乌龟	*Stephanie cephalantha* Hayata	防己科	千金藤属	观块茎、观叶	根	清热解毒、消肿止痛等
45	清风藤	*Sabia japonica* Maxim.	清风藤科	清风藤属	观叶、观花、观果	全株	具祛风通络、消肿止痛等功效，可治风湿疼痛、肌肉麻痹、皮肤瘙痒、疮毒、阑尾炎脓肿等症

续表

序号	植物名称	拉丁名	科名	属名	观赏特性	入药部位	药效
46	血水草	*Eomecon chionantha* Hance	罂粟科	血水草属	观叶、观花	全草	清热解毒、活血止血等
47	蜡瓣花	*Corylopsis sinensis* Hemsl.	金缕梅科	蜡瓣花属	观叶、观花、观果	根皮、叶	治恶寒发热、呕逆、心悸烦躁
48	金缕梅	*Hamamelis mollis* Oliv.	金缕梅科	金缕梅属	观叶、观花、观果	根	民间用于治疗劳伤乏力
49	柘	*Maclura tricuspidata* Carrière	桑科	柘属	观叶、观果	树皮、根皮、枝、叶、果	清热凉血、舒筋活络
50	青钱柳	*Cyclocarya paliurus* (Batalin) Iljinsk.	胡桃科	青钱柳属	观叶、观果	叶	嫩叶味甜，可代茶，有降血糖、抗氧化等保健功效
51	虎杖	*Reynoutria japonica* Houtt.	蓼科	虎杖属	观叶、观茎	根状茎	活血、散瘀、通经、镇咳等
52	毛花猕猴桃	*Actinidia eriantha* Benth.	猕猴桃科	猕猴桃属	观叶、观花、观果	根	清热解毒、舒筋活血、补肾益气等
53	金丝梅	*Hypericum patulum* Thunb.	藤黄科	金丝桃属	观叶、观花、观果	根、全草	舒筋活血、催乳、利尿等
54	中国旌节花	*Stachyurus chinensis* Franch.	旌节花科	旌节花属	观叶、观花、观果	干燥茎	利尿、催乳、清湿热等
55	羊踯躅	*Rhododendron molle* (Blume) G. Don	杜鹃花科	杜鹃属	观叶、观花	根、花、果	具祛风除湿、散瘀止痛、化痰止咳等功效，但全株有毒，应慎用
56	乌饭树	*Vaccinium bracteatum* Thunb.	杜鹃花科	越橘属	观叶、观花、观果	叶、果	补肝肾、强筋骨、益脾胃等
57	老鸦柿	*Diospyros rhombifolia* Hemsl.	柿科	柿属	观叶、观果	根、枝	清湿热、利肝胆、活血化瘀等
58	矮茎紫金牛	*Ardisia brevicaulis* Diels.	紫金牛科	紫金牛属	观叶、观花、观果	全草	祛风清热、散瘀消肿等
59	朱砂根	*Ardisia crenata* Sims	紫金牛科	紫金牛属	观叶、观花、观果	根状茎	清热解毒、祛风止痛等
60	紫金牛	*Ardisia japonica* (Thunb.) Blume	紫金牛科	紫金牛属	观叶、观花、观果	全株	具化痰止咳、清热利湿、活血化瘀等功效，为浙江省民间常用中草药
61	沿海紫金牛	*Ardisia lindleyana* D. Dietr.	紫金牛科	紫金牛属	观叶、观花、观果	根状茎	清热解毒、祛风止痛等

续表

序号	植物名称	拉丁名	科名	属名	观赏特性	入药部位	药效
62	虎舌红	*Ardisia mamillata* Hance	紫金牛科	紫金牛属	观叶、观花、观果	全株	清热利湿、活血化瘀等
63	堇叶紫金牛	*Ardisia violacea* (Suzuki) W.Z. Fang et K.Yao	紫金牛科	紫金牛属	观叶、观花、观果	全株	清热利湿、活血化瘀等
64	过路黄	*Lysimachia christinae* Hance	报春花科	珍珠菜属	观叶、观花	全草	清热利湿、通淋消肿等
65	巴东过路黄	*Lysimachia patungensis* Hand.-Mazz.	报春花科	珍珠菜属	观叶、观花	全草	清热解毒、利尿通淋、消肿散瘀等
66	落新妇	*Astilbe chinensis* (Maxim.) Franch. et Sav.	虎耳草科	落新妇属	观叶、观花	根	散瘀止痛、祛风除湿、清热止咳
67	虎耳草	*Saxifraga stolonifera* Curtis	虎耳草科	虎耳草属	观叶、观花	全草	清热解毒、祛风止痛
68	黄水枝	*Tiarella polyphylla* D. Don	虎耳草科	黄水枝属	观叶、观花	全草	清热解毒、消肿止痛
69	野山楂	*Crataegus cuneata* Sieblod et Zucc.	蔷薇科	山楂属	观叶、观花、观果	果、叶	健胃消积、散瘀化滞
70	白鹃梅	*Exochorda racemosa* (Lindl.) Rehder	蔷薇科	白鹃梅属	观叶、观花、观果	根皮、树皮	益肝明目,可治腰骨酸痛等症
71	金樱子	*Rosa laevigata* Michx.	蔷薇科	蔷薇属	观叶、观花、观果	根、叶、果	活血止血、解毒消肿、固精缩尿、涩肠止泻
72	掌叶覆盆子	*Rubus chingii* Hu	蔷薇科	悬钩子属	观叶、观花、观果	果实	具补肾固精、安胎缩尿等功效;根能止咳、活血消肿
73	云实	*Caesalpinia decapetala* (Roth) Alston	云实科	云实属	观叶、观花、观果	荚果、种子、花、茎及根	可用于幼儿厌食积食、提高人体免疫力等
74	锦鸡儿	*Caragana sinica* (Buc'hoz) Rehder	蝶形花科	锦鸡儿属	观叶、观花	根、花	祛风活血、平肝利尿;花有补中益气的功效
75	山豆根	*Euchresta japonica* Hook. f. ex Regel	蝶形花科	山豆根属	观叶、观花、观果	根、根茎	清热解毒、消肿利咽
76	胡枝子	*Lespedeza bicolor* Turcz.	蝶形花科	胡枝子属	观叶、观花	根	清热解毒、祛痰止咳、凉血消肿
77	红花苦参	*Sophora flavescens* Aiton var. *galegoides* (Pall.) DC	蝶形花科	槐属	观叶、观花	根	治疗皮肤瘙痒、神经衰弱、消化不良及便秘等症

续表

序号	植物名称	拉丁名	科名	属名	观赏特性	入药部位	药效
78	胡颓子	*Elaeagnus pungens* Thunb.	胡颓子科	胡颓子属	观叶、观花、观果	根、叶、果实	降血糖、降血脂、抗脂质氧化、抗炎镇痛、提高免疫力
79	毛瑞香	*Daphne kiusiana* Miq. var. *atrocaulis* (Rehder) F. Maek.	瑞香科	瑞香属	观叶、观花	根、茎皮	活血消肿、利咽
80	结香	*Edgeworthia chrysantha* Lindl.	瑞香科	结香属	观叶、观花	根、叶、花	舒筋活络、润肺益肾
81	北江荛花	*Wikstroemia monnula* Hance	瑞香科	荛花属	观叶、观花	根	活血散瘀
82	秀丽野海棠	*Bredia amoena* Diels	野牡丹科	野海棠属	观叶、观花、观果	全株	祛风利湿、活血调经
83	地菍	*Melastoma dodecandrum* Lour.	野牡丹科	野牡丹属	观叶、观花、观果	全株	解毒止泻、活血止血
84	锦香草	*Phyllagathis cavaleriei* (H. Lév. et Vaniot) Guill.	野牡丹科	锦香草属	观叶、观花、观果	全株	具清凉功效；用叶片炖肉有滋补作用
85	卫矛	*Euonymus alatus* (Thunb.) Siebold.	卫矛科	卫矛属	观叶、观茎、观花、观果	木栓翅，称"鬼箭羽"	破血通经、解毒消肿、降血脂、降血糖等
86	扶芳藤	*Euonymus fortunei* (Turcz.) Hand.	卫矛科	卫矛属	观叶、观花、观果	茎、叶	活血散瘀，民间用于治疗肾炎、跌打损伤
87	冬青	*Ilex chinensis* Sims	冬青科	冬青属	观叶、观花、观果	根皮、叶	清热解毒、凉血止血
88	大叶冬青	*Ilex latifolia* Thunb.	冬青科	冬青属	观叶、观花、观果	嫩叶、树皮	具清热解毒、平肝等功效。此外，嫩叶是制作苦丁茶的原料之一
89	算盘子	*Glochidion puber* (L.) Hutch.	大戟科	算盘子属	观叶、观果	根、茎、叶和果实	活血散瘀、消肿解毒等
90	多花勾儿茶	*Berchemia floribunda* (Wall.) Brongn.	鼠李科	勾儿茶属	观叶、观花、观果	根	祛风除湿、散瘀消肿、止痛
91	三叶崖爬藤	*Tetrastigma hemsleyanum* Diels et Gilg	葡萄科	崖爬藤属	观叶	全株	具活血散瘀、解毒、化痰等功效；块茎对小儿高烧有特效
92	刺葡萄	*Vitis davidii* (Rom. Caill.) Foëx	葡萄科	葡萄属	观叶、观茎、观花、观果	根	祛风湿、利小便

续表

序号	植物名称	拉丁名	科名	属名	观赏特性	入药部位	药效
93	黄花远志	*Polygala arillata* Buch.-Ham. ex D. Don	远志科	远志属	观叶、观花	根皮	清热解毒、祛风除湿、补虚消肿等
94	狭叶香港远志	*Polygala hongkongensis* Hemsl.var.*stenophylla* (Hayata) Migo	远志科	远志属	观叶、观花	全草	祛风等
95	大叶金牛	*Polygala latouchei* Franch.	远志科	远志属	观叶、观花	全草	清热解毒、活血化瘀等
96	野鸦椿	*Euscaphis japonica* (Thunb.) Kanitz	省沽油科	野鸦椿属	观叶、观花、观果	根、干果	祛风除湿等
97	茵芋	*Skimmia reevesiana* (Fortune) Fortune	芸香科	茵芋属	观叶、观花、观果	叶	主治顽痹拘挛
98	棘茎楤木	*Aralia echinocaulis* Hand.-Mazz.	五加科	楤木属	观叶、观花、观果	根、根皮	祛风除湿、行气活血、解毒消肿等
99	树参	*Dendropanax dentiger* (Harms) Merr.	五加科	树参属	观叶、观果	根、树皮、叶	祛风除湿、舒筋活血、壮筋骨等
100	竹节参	*Panax japonicus* (Nees) C.A. Mey.	五加科	人参属	观叶、观花、观果	根状茎、叶	根状茎名"竹三七"，能滋补强壮、散瘀止血；叶有生津止渴、清热解毒等功效
101	五岭龙胆	*Gentiana davidii* Franch.	龙胆科	龙胆属	观叶、观花	全草	清热解毒、利尿等
102	华南龙胆	*Gentiana loureiroi* (G. Don) Griseb.	龙胆科	龙胆属	观叶、观花	全草	治毒疮及无名肿毒
103	龙胆	*Gentiana scabra* Bunge	龙胆科	龙胆属	观叶、观花	根、根状茎	清热燥湿、泻肝胆火等
104	华双蝴蝶	*Tripterospermum chinense* (Migo) H. Smith ex Nilsson	龙胆科	双蝴蝶属	观叶、观花	全草	清肺止咳、利尿、解毒等
105	白英	*Solanum lyratum* Thunb.	茄科	茄属	观叶、观花、观果	全草	清热解毒
106	龙珠	*Tubocapsicum anomalum* (Franch. et Sav.) Makino	茄科	龙珠属	观叶、观花、观果	茎、叶、果实	清热解毒、除烦热
107	兰香草	*Caryopteris incana* (Thunb. ex Houtt.) Miq.	马鞭草科	莸属	观叶、观花	根、全草	祛痰止咳、散瘀止痛等
108	臭牡丹	*Clerodendrum bungei* Steud.	马鞭草科	大青属	观叶、观花	根、叶、全草	清热利湿、祛风解毒、消肿止痛等
109	豆腐柴	*Premna microphylla* Turcz.	马鞭草科	豆腐柴属	观叶、观花、观果	根、叶	清热解毒

续表

序号	植物名称	拉丁名	科名	属名	观赏特性	入药部位	药效
110	活血丹	*Glechoma longituba* (Nakai) Kupr.	唇形科	活血丹属	观叶、观花	全草、茎、叶	清热解毒、排石通淋等
111	益母草	*Leonurus japonicus* Houtt.	唇形科	益母草属	观叶、观花	全草	广泛用于治疗妇科病
112	夏枯草	*Prunella vulgaris* L.	唇形科	夏枯草属	观叶、观花	全草	清肝泻火、明目、散结消肿
113	韩信草	*Scutellaria indica* L.	唇形科	黄芩属	观叶、观花	全草	清热解毒、活血止血、散瘀消肿等
114	绵毛鹿茸草	*Monochasma savatieri* Franch. ex Maxim.	玄参科	鹿茸草属	观叶、观茎、观花	全株	清热解毒等
115	天目地黄	*Rehmannia chingii* H.L. Li	玄参科	地黄属	观叶、观花	全株	润燥生津、清热凉血等
116	野菰	*Aeginetia indica* L.	列当科	野菰属	观花	全草	清热解毒、消肿、妇科调经等
117	旋蒴苣苔	*Boea hygrometrica* (Bunge) R. Br.	苦苣苔科	旋蒴苣苔属	观叶、观花	全草	散瘀、止血、解毒等
118	浙皖粗筒苣苔	*Briggsia chienii* Chun	苦苣苔科	粗筒苣苔属	观叶、观花	全草	治疗皮肤炎症、麻疹、毒蛇咬伤等症
119	降龙草	*Hemiboea subcapitata* C.B. Clarke	苦苣苔科	半蒴苣苔属	观叶、观花	全草	清热解毒、利尿、止咳、生津等
120	吊石苣苔	*Lysionotus pauciflorus* Maxim.	苦苣苔科	吊石苣苔属	观叶、观花	全草	益肾强筋、散瘀镇痛、舒筋活络等
121	牛耳朵	*Primulina eburnea* (Hance) Yin Z. Wang	苦苣苔科	报春苣苔属	观叶、观花	全草	清肺止咳等
122	蚂蝗七	*Primulina fimbrisepala* (Hand.-Mazz.) Yin Z. Wang	苦苣苔科	报春苣苔属	观叶、观花	根状茎	健脾和中、清热除湿、消肿止痛等
123	台闽苣苔	*Titanotrichum oldhamii* (Hemsl.) Soler.	苦苣苔科	台闽苣苔属	观叶、观花	全草	清热解毒、平肝止血
124	白接骨	*Asystasia neesiana* (Wall.) Nees	爵床科	白接骨属（十万错属）	观叶、观花	全草	清热解毒、活血止血、利尿等
125	菜头肾	*Strobilanthes sarcorrhiza* (C. Ling) C.Z. Zheng ex Y.F. Deng et N.H. Xia	爵床科	马蓝属	观叶、观花	全草、根	具养阴清热、补肾等功效；温州民间著名草药，为"七肾汤"的原料之一，治肾虚、腰痛等症
126	轮叶沙参	*Adenophora tetraphylla* (Thunb.) Fisch.	桔梗科	沙参属	观叶、观花	根	清热养阴、润肺止咳等

续表

序号	植物名称	拉丁名	科名	属名	观赏特性	入药部位	药效
127	小花金钱豹	*Campanumoea javanica* Blume subsp. *japonica* (Makino) Hong	桔梗科	金钱豹属	观叶、观花、观果	根	具补虚益气、润肺生津等功效，可代党参用
128	羊乳	*Codonopsis lanceolata* (Siebold et Zucc.) Trautv.	桔梗科	党参属	观叶、观花、观果	根	催乳、益气等
129	半边莲	*Lobelia chinensis* Lour.	桔梗科	半边莲属	观叶、观花	全草	清热解毒、利尿消肿等
130	江南山梗菜	*Lobelia davidii* Franch.	桔梗科	半边莲属	观叶、观花	根	治痈肿疮毒、胃寒痛等症
131	桔梗	*Platycodon grandiflorus* (Jacq.) A. DC.	桔梗科	桔梗属	观叶、观花	根	宣肺、散寒、祛痰等
132	铜锤玉带草	*Pratia nummularia* (Lam.) A. Braun. et Asch.	桔梗科	铜锤玉带草属	观叶、观花、观果	全草	治风湿、跌打损伤等
133	细叶水团花	*Adina rubella* Hance	茜草科	水团花属	观叶、观花、观果	全株	清热解毒、散瘀止痛
134	虎刺	*Damnacanthus indicus* C.F. Gaertn.	茜草科	虎刺属	观叶、观果	根	清热利湿、舒筋活血、祛风止痛等
135	栀子	*Gardenia jasminoides* J. Ellis	茜草科	栀子属	观叶、观花、观果	根、叶、果实	泻火除烦、清热利湿、凉血解毒
136	玉叶金花	*Mussaenda pubescens* Dryand.	茜草科	玉叶金花属	观叶、观萼片、观花、观果	枝、叶	清热解暑、利湿解毒
137	大叶白纸扇	*Mussaenda shikokiana* Makino	茜草科	玉叶金花属	观叶、观萼片、观花、观果	全株	清热解毒、散瘀止痛
138	日本蛇根草	*Ophiorrhiza japonica* Blume	茜草科	蛇根草属	观叶、观花	全草	祛痰止咳、活血调经，治咳嗽、筋骨疼痛、扭挫伤等
139	白马骨	*Serissa serissoides* (DC.) Druce	茜草科	六月雪属	观叶、观花	全株	平肝利湿、健脾止泻
140	忍冬	*Lonicera japonica* Thunb.	忍冬科	忍冬属	观叶、观花、观果	花、茎、叶	清热解毒、消炎退肿
141	水马桑	*Weigela japonica* Thunb. var. *sinica* (Rehder) Bailey	忍冬科	锦带花属	观叶、观花	根	益气、健脾、用于治疗消化不良
142	蓟	*Cirsium japonicum* DC.	菊科	蓟属	观叶、观花	全草、根	具清热解毒、消炎止血及恢复肝功能、促进肝细胞再生等功效

续表

序号	植物名称	拉丁名	科名	属名	观赏特性	入药部位	药效
143	大头橐吾	*Ligularia japonica* (Thunb.) Less.	菊科	橐吾属	观叶、观花	全草、根	舒筋活血、解毒消肿等
144	山姜	*Alpinia japonica* (Thunb.) Miq.	姜科	山姜属	观叶、观花、观果	根状茎	治脘腹冷痛、泄泻、食滞腹胀、风湿痹痛、四肢麻木、跌打瘀滞、月经不调
145	老鸦瓣	*Amana edulis* (Miq.) Honda	百合科	老鸦瓣属	观叶、观花	茎	鳞茎可入药
146	绵枣儿	*Barnardia japonica* (Thunb.) Schult. et Schult. f.	百合科	绵枣儿属	观叶、观花	鳞茎、全草	活血解毒、消肿止痛
147	云南大百合	*Cardiocrinum giganteum* (Wall.) Makino var. *yunnanense* (Leichtlin ex Elwes) Stearn	百合科	大百合属	观叶、观花、观果	果实	用于治咳喘症
148	少花万寿竹	*Disporum uniflorum* Baker	百合科	万寿竹属	观叶、观花、观果	根状茎、根	益气补肾、润肺止咳
149	萱草	*Hemerocallis fulva* (L.) L.	百合科	萱草属	观叶、观花	根、叶	镇静安眠、抗抑郁、抗氧化、保肝、抗炎、抗肿瘤、抑菌杀虫等
150	野百合	*Lilium brownii* F. E. Br. ex Miellez	百合科	百合属	观叶、观花	鳞茎	清热解毒、消肿止痛、破血除瘀等
151	卷丹	*Lilium lancifolium* Thunb.	百合科	百合属	观叶、观花	鳞茎、花	润肺止咳、清心安神，治肺结核、咳嗽等症
152	药百合	*Lilium speciosum* Thunb. var. *gloriosoides* Baker	百合科	百合属	观叶、观花	鳞茎	润肺止咳、清心安神等
153	石蒜	*Lycoris radiata* (L'Hér.) Herb.	百合科	石蒜属	观叶、观花	鳞茎	治咽喉肿痛、痈肿疮毒、瘰疬、肾炎水肿、毒蛇咬伤
154	华重楼	*Paris polyphylla* Sm. var. *chinensis* (Franch.) H. Hara	百合科	重楼属	观叶、观花、观果	根状茎	具清热解毒、消肿止疼、息风定惊、平喘止咳等作用，特别对蛇虫咬伤、疔疮痈肿疗效显著
155	狭叶重楼	*Paris polyphylla* Sm. var. *stenophylla* Franch.	百合科	重楼属	观叶、观花、观果	鳞茎	清热解毒、活血散瘀、平喘止咳、接骨等

续表

序号	植物名称	拉丁名	科名	属名	观赏特性	入药部位	药效
156	多花黄精	*Polygonatum cyrtonema* Hua	百合科	黄精属	观叶、观花、观果	根状茎	养阴润肺、宽中益气、滋肾填精
157	绿花油点草	*Tricyrtis viridula* Hiroshi Takahashi	百合科	油点草属	观叶、观花	根状茎	治疗咳嗽、虚劳、食积等
158	紫萼	*Hosta ventricosa* (Salisb.) Stern	龙舌兰科	玉簪属	观叶、观花	根	凉血止血、解毒等
159	百部	*Stemona japonica* (Bl.) Miq.	百部科	百部属	观叶、观花	块根	润肺止咳、抗痨杀虫
160	白及	*Bletilla striata* Rchb. f.	兰科	白及属	观叶、观花	根	收敛止血、消肿生肌
161	细叶石仙桃	*Pholidota cantonensis* Rolfe	兰科	石仙桃属	观叶、观花	全草	滋阴润肺、清热凉血
162	台湾独蒜兰	*Pleione formosana* Hayata	兰科	独蒜兰属	观花	假鳞茎	清热解毒、消肿散结等

中文名索引

A

矮茎紫金牛 96

B

八角莲 54
巴东过路黄 103
白豆杉 9
白及 244
白接骨 187
白鹃梅 112
白马骨 206
白英 162
百部 242
半边莲 196
北江荛花 126

C

菜头肾 188
草珊瑚 21
长柄石杉 2
臭牡丹 167
刺葡萄 142

D

大头橐吾 214
大血藤 64
大叶白纸扇 204
大叶冬青 134
大叶金牛 146
大叶唐松草 48
单叶铁线莲 42

地菍 128
吊石苣苔 182
冬青 133
豆腐柴 168
短萼黄连 45
多花勾儿茶 138
多花黄精 236

F

扶芳藤 132
福建观音座莲 3
福建细辛 31

G

管花马兜铃 29
过路黄 102

H

韩信草 173
红花苦参 122
厚朴 12
胡颓子 123
胡枝子 120
虎刺 201
虎耳草 106
虎舌红 100
虎杖 84
华东唐松草 50
华南龙胆 158
华双蝴蝶 160
华中五味子 36

华重楼 232
黄花远志 143
黄水枝 108
活血丹 170

J

棘茎楤木 152
蕺菜 22
蓟 212
箭叶淫羊藿 58
江南山梗菜 197
结香 125
金缕梅 79
金毛狗 4
金丝梅 88
金线吊乌龟 74
金樱子 114
堇叶紫金牛 101
锦鸡儿 118
锦香草 129
桔梗 198
卷丹 228
蕨叶人字果 46

K

宽叶金粟兰 20
阔叶十大功劳 60

L

蜡瓣花 78
兰香草 166

老鸦瓣	217	乳源木莲	14	夏枯草	172
老鸦柿	94			小果十大功劳	62
柳叶蜡梅	16	**S**		小花金钱豹	192
六角莲	52	三白草	24	降龙草	181
龙胆	159	三叶崖爬藤	140	秀丽野海棠	127
龙珠	164	山豆根	119	萱草	224
轮叶沙参	190	山鸡椒	17	旋蒴苣苔	179
落新妇	104	山姜	216	血水草	77
驴蹄草	41	山蒟	28		
绿花油点草	238	少花万寿竹	222	**Y**	
		石蝉草	26	沿海紫金牛	99
M		石蒜	230	羊乳	194
蚂蝗七	184	树参	153	羊踯躅	91
猫儿屎	68	水马桑	210	药百合	229
毛花猕猴桃	86	丝穗金粟兰	18	野百合	226
毛瑞香	124	算盘子	136	野菰	178
绵毛鹿茸草	174			野山楂	110
绵枣儿	218	**T**		野鸦椿	148
木通	66	台闽苣苔	186	益母草	171
		台湾独蒜兰	246	茵芋	150
N		天葵	47	鹰爪枫	70
南方红豆杉	8	天目地黄	176	玉叶金花	203
南五味子	34	铜锤玉带草	199	云南大百合	220
牛耳朵	183			云实	116
		W			
P		尾花细辛	30	**Z**	
披针叶茴香	32	卫矛	130	掌叶复盆子	115
		乌饭树	92	柘	80
Q		乌头	38	浙皖粗筒苣苔	180
黔岭淫羊藿	56	五岭龙胆	156	栀子	202
青钱柳	82			中国旌节花	90
清风藤	76	**X**		朱砂根	97
秋牡丹	40	细叶石仙桃	245	竹节参	154
		细叶水团花	200	柱果铁线莲	44
R		细圆藤	72	紫萼	240
忍冬	208	狭叶香港远志	144	紫金牛	98
日本蛇根草	205	狭叶重楼	234		

拉丁名索引

A

Aconitum carmichaelii Debeaux	38
Actinidia eriantha Benth.	86
Adenophora tetraphylla (Thunb.) Fisch.	190
Adina rubella Hance	200
Aeginetia indica L.	178
Akebia quinata (Houtt.) Decne.	66
Alpinia japonica (Thunb.) Miq.	216
Amana edulis (Miq.) Honda	217
Anemone hupehensis (Lemoine) Lemoine var. *japonica* (Thunb.) Bowles et Stearn	40
Angiopteris fokiensis Hieron.	3
Aralia echinocaulis Hand.-Mazz.	152
Ardisia brevicaulis Diels.	96
Ardisia crenata Sims	97
Ardisia japonica (Thunb.) Blume	98
Ardisia lindleyana D. Dietr.	99
Ardisia mamillata Hance	100
Ardisia violacea (Suzuki) W.Z. Fang et K.Yao	101
Aristolochia tubiflora Dunn	29
Asarum caudigerum Hance	30
Asarum fukienense C.Y. Cheng et C.S. Yang	31
Astilbe chinensis (Maxim.) Franch. et Sav.	104
Asystasia neesiana (Wall.) Nees	187

B

Barnardia japonica (Thunb.) Schult. et Schult. f.	218
Berchemia floribunda (Wall.) Brongn.	138
Bletilla striata Rchb. f.	244
Boea hygrometrica (Bunge) R. Br.	179
Bredia amoena Diels	127
Briggsia chienii Chun	180

C

Caesalpinia decapetala (Roth) Alston	116
Caltha palustris L.	41
Campanumoea javanica Blume subsp. *japonica* (Makino) Hong	192
Caragana sinica (Buc'hoz) Rehder	118
Cardiocrinum giganteum (Wall.) Makino var. *yunnanense* (Leichtlin ex Elwes) Stearn	220
Caryopteris incana (Thunb. ex Houtt.) Miq.	166
Chimonanthus salicifolius S.Y. Hu	16
Chloranthus fortunei (A. Gray) Solms-Laubach	18
Chloranthus henryi Hemsl.	20
Cibotium barometz (L.) J. Sm.	4
Cirsium japonicum DC.	212
Clematis henryi Oliv.	42
Clematis uncinata Champ. ex Benth.	44
Clerodendrum bungei Steud.	167
Codonopsis lanceolata (Siebold et Zucc.) Trautv.	194
Coptis chinensis Franch. var. *brevisepala* W.T. Wang et Hsiao	45
Corylopsis sinensis Hemsl.	78
Crataegus cuneata Sieblod et Zucc.	110
Cyclocarya paliurus (Batalin) Iljinsk.	82

D

Damnacanthus indicus C.F. Gaertn.	201
Daphne kiusiana Miq. var. *atrocaulis*	

(Rehder) F. Maek. 124
Decaisnea insignis (Griff.) Hook. f. et Thoms. 68
Dendropanax dentiger (Harms) Merr. 153
Dichocarpum dalzielii (J. R. Drumm.
　et Hutch.) W.T. Wang et Hsiao 46
Diospyros rhombifolia Hemsl. 94
Disporum uniflorum Baker 222
Dysosma pleiantha Woodson 52
Dysosma versipellis (Hance) M. Cheng
　ex T.S. Ying. 54

E

Edgeworthia chrysantha Lindl. 125
Elaeagnus pungens Thunb. 123
Eomecon chionantha Hance 77
Epimedium leptorrhizum Stearn. 56
Epimedium sagittatum (Siebold et Zucc.)
　Maxim. 58
Euchresta japonica Hook. f. ex Regel 119
Euonymus alatus (Thunb.) Siebold. 130
Euonymus fortunei (Turcz.) Hand. 132
Euscaphis japonica (Thunb.) Kanitz 148
Exochorda racemosa (Lindl.) Rehder 112

G

Gardenia jasminoides J. Ellis 202
Gentiana davidii Franch. 156
Gentiana loureiroi (G. Don) Griseb. 158
Gentiana scabra Bunge 159
Glechoma longituba (Nakai) Kupr. 170
Glochidion puber (L.) Hutch. 136

H

Hamamelis mollis Oliv. 79
Hemerocallis fulva (L.) L. 224
Hemiboea subcapitata C.B. Clarke 181
Holboellia coriacea Diels 70
Hosta ventricosa (Salisb.) Stern 240
Houttuynia cordata Thunb. 22
Huperzia javanica (Sw.) Chun-yu Yang 2
Hypericum patulum Thunb. 88

I

Ilex chinensis Sims 133
Ilex latifolia Thunb. 134
Illicium lanceolatum A.C. Smith 32

K

Kadsura japonica (L.) Dunal. 34

L

Leonurus japonicus Houtt. 171
Lespedeza bicolor Turcz. 120
Ligularia japonica (Thunb.) Less. 214
Lilium brownii F. E. Br. ex Miellez 226
Lilium lancifolium Thunb. 228
Lilium speciosum Thunb. var. *gloriosoides*
　Baker 229
Litsea cubeba (Lour.) Pers. 17
Lobelia chinensis Lour. 196
Lobelia davidii Franch. 197
Lonicera japonica Thunb. 208
Lycoris radiata (L'Hér.) Herb. 230
Lysimachia christinae Hance 102
Lysimachia patungensis Hand.-Mazz. 103
Lysionotus pauciflorus Maxim. 182

M

Maclura tricuspidata Carrière 80
Magnolia officinalis Rehder et E.H. Wilson 12
Mahonia bealei (Fort.) Carr. 60
Mahonia bodinieri Gagnep 62
Manglietia yuyuanensis Y.W. Law 14
Melastoma dodecandrum Lour. 128
Monochasma savatieri Franch. ex Maxim. 174
Mussaenda pubescens Dryand. 203

Mussaenda shikokiana Makino	204	*Sargentodoxa cuneata* (Oliv.) Rehder et E.H. Wilson	64
O		*Saururus chinensis* (Lour.) Baill.	24
Ophiorrhiza japonica Blume	205	*Saxifraga stolonifera* Curtis	106
P		*Schisandra sphenanthera* Rehder et E.H. Wilson	36
Panax japonicus (Nees) C.A. Mey.	154	*Scutellaria indica* L.	173
Paris polyphylla Sm. var. *chinensis* (Franch.) H. Hara	232	*Semiaquilegia adoxoides* (DC.) Makino	47
Paris polyphylla Sm. var. *stenophylla* Franch.	234	*Serissa serissoides* (DC.) Druce	206
Peperomia blanda (Jacq.) Kunth	26	*Skimmia reevesiana* (Fortune) Fortune	150
Pericampylus glaucus (Lam.) Merr.	72	*Solanum lyratum* Thunb.	162
Pholidota cantonensis Rolfe	245	*Sophora flavescens* Aiton var. *galegoides* (Pall.) DC.	122
Phyllagathis cavaleriei (H. Lév. et Vaniot) Guill.	129	*Stachyurus chinensis* Franch.	90
Piper hancei Maxim.	28	*Stemona japonica* (Bl.) Miq.	242
Platycodon grandiflorus (Jacq.) A. DC.	198	*Stephanie cephalantha* Hayata	74
Pleione formosana Hayata	246	*Strobilanthes sarcorrhiza* (C. Ling) C.Z. Zheng ex Y.F. Deng et N.H. Xia	188
Polygala arillata Buch.-Ham. ex D. Don	143		
Polygala hongkongensis Hemsl. var. *stenophylla* (Hayata) Migo	144	**T**	
Polygala latouchei Franch.	146	*Taxus mairei* (Lemée et H. Lév.) S.Y. Hu	8
Polygonatum cyrtonema Hua	236	*Tetrastigma hemsleyanum* Diels et Gilg	140
Pratia nummularia (Lam.) A. Braun. et Asch.	199	*Thalictrum faberi* Ulbr.	48
Premna microphylla Turcz.	168	*Thalictrum fortunei* S. Moore	50
Primulina eburnea (Hance) Yin Z. Wang	183	*Tiarella polyphylla* D. Don	108
Primulina fimbrisepala (Hand.-Mazz.) Yin Z. Wang	184	*Titanotrichum oldhamii* (Hemsl.) Soler.	186
Prunella vulgaris L.	172	*Tricyrtis viridula* Hiroshi Takahashi	238
Pseudotaxus chienii (Cheng) Cheng	9	*Tripterospermum chinense* (Migo) H. Smith ex Nilsson	160
R		*Tubocapsicum anomalum* (Franch. et Sav.) Makino	164
Rehmannia chingii H.L. Li	176	**V**	
Reynoutria japonica Houtt.	84		
Rhododendron molle (Blume) G. Don	91	*Vaccinium bracteatum* Thunb.	92
Rosa laevigata Michx.	114	*Vitis davidii* (Rom. Caill.) Foëx	142
Rubus chingii Hu	115	**W**	
S		*Weigela japonica* Thunb. var. *sinica* (Rehder) Bailey	210
Sabia japonica Maxim.	76		
Sarcandra glabra (Thunb.) Nakai	21	*Wikstroemia monnula* Hance	126

参考文献

陈京，徐攀，姚振生，2012. 浙西南畲族常用蕨类植物药 [J]. 江西中医学院学报，24（4）：30-33.

陈征海，孙孟军，2014. 浙江省常见树种彩色图鉴 [M]. 杭州：浙江大学出版社.

国家药典委员会，2010. 中华人民共和国药典 [M]. 北京：中国医药科技出版社.

雷后兴，李水福，2007. 中国畲族医药学 [M]. 北京：中国中医药出版社.

雷祖培，张芬耀，刘西，2022. 浙江乌岩岭国家级自然保护区珍稀濒危植物图鉴 [M]. 杭州：浙江大学出版社.

李根有，陈征海，项茂林，2012. 浙江野花 300 种精选图谱 [M]. 北京：科学出版社.

李根有，陈征海，桂祖云，2013. 浙江野果 200 种精选图谱 [M]. 北京：科学出版社.

李根有，陈征海，陈高坤，等，2017. 浙江野生色叶树 200 种精选图谱 [M]. 北京：科学出版社.

沈晓霞，梅旭东．王志安，2019. 中国畲药植物图鉴：上卷 [M]. 杭州：浙江科学技术出版社.

沈晓霞，梅旭东．王志安，2019. 中国畲药植物图鉴：下卷 [M]. 杭州：浙江科学技术出版社.

涂子月，2012. 丽水市冬青属药用植物资源及其利用 [J]. 安徽农学通报，18（24）：143-144.

王昌腾，2012. 丽水生态示范区药用观赏植物资源调查 [J]. 湖北农业科学，51（7）：1390-1393.

王军峰，杜有新，谢文远，2022. 丽水珍稀濒危植物 [M]. 北京：中国农业科学技术出版社.

温州植物志编辑委员会，2017. 温州植物志：1-5 卷 [M]. 北京：中国林业出版社.

吴子军，2012. 丽水市山地野生猕猴桃属药用植物资源分布及利用价值 [J]. 现代农业科技（8）：150.

徐燕云，雷焕宗，郭水良，2002. 浙江丽水药用植物区系及多样性的初步研究 [J]. 丽水师范专科学校学报（2）：33-36.

姚振生，熊耀康，2016. 浙江药用植物资源志要 [M]. 上海：上海科学技术出版社.

张晓青，王军峰，汤兆成，等，2013. 丽水市药用植物资源现状及保护对策研究 [J]. 中国现代中药，15（6）：467-470.

浙江药用植物编写组，1980. 浙江药用植物志 [M]. 杭州：浙江科学技术出版社.

浙江植物志（新编）编辑委员会，2021—2022.浙江植物志（新编）：1-10卷[M].杭州：浙江科学技术出版社.

郑朝宗，2005.浙江种子植物检索鉴定手册[M].杭州：浙江科学技术出版社.

中国植物志编辑委员会，1959—2005.中国植物志：1-80卷[M].北京：科学出版社.

朱显定，姚安平，2011.丽水生态示范区紫金牛科药用植物资源及其利用[J].现代农业科技（20）：153-158.